新手父母

輕鬆玩遊戲 讓專心變容易

阿鎧老師 5分鐘玩出專注力遊戲書❶

兒童專注力發展專家／職能治療師
張旭鎧

暢銷修訂版

推薦序

創意，讓孩子飛得更高

從「魔豆傳奇」開始，我相信「創意」是讓台灣在世界上發光發熱的最佳「武器」，而「網路」就是最好的創意測試平台。這些年中認識了許多利用創意在自己專業領域中嶄露頭角的重要人物，而張旭鎧職能治療師是我認識的醫學專業中，將創意發揮到淋漓盡致的專家之一。

阿鎧老師，是我對他的尊稱，身爲六年級生的他，彷彿永遠像個孩子一般，利用源源不絕的創意與點子，幫助父母搞定身邊不聽話、不乖乖吃飯的小寶貝。之前拜讀過他的著作《5 分鐘玩出專注力暢銷修訂版》，就對其中深入淺出的理論根據深深著迷，加上直接遊戲介紹，讓爸爸媽媽可以馬上「現學現賣」，是本實用的好書。

如今，又拿到了這本書的初稿，我眼前簡直出現了每位孩子因爲這本書而可以專心讀書的畫面。這本書中，從乍看之下簡單的遊戲，經由阿鎧老師的詳細說明，以「專注力」爲訓練重點，不僅教導父母如何觀察孩子的進步情況，還教導父母如何把同一個遊戲改變成更多的遊戲，也就是說，這 125 個遊戲，經由阿鎧老師的「加持」，變成了 250、500 或甚至更多的遊戲玩法，相信更大大地幫助了孩子的專注力。

阿鎧老師利用創意，將簡單的遊戲變成訓練專注力的教材，讓孩子在遊戲之間提升能力，增進學習所需的專注力，相信能夠提高孩子的學習成就。這本書不僅孩子受惠，對家長而言，更可以從中學習到幫助孩子提升專注力的「創意」，讓每位爸爸媽媽都成爲幫助孩子專心的「老師」。

QQzOO 兒童 能教育館董事長 **唐智超**

推薦序

教幼兒 在遊戲中學習專注

很高興張旭鎧老師繼《5 分鐘玩出專注力暢銷修訂版》一書出版，又積極完成《5 分鐘玩出專注力遊戲書暢銷修訂版 1 ～ 4》。

張老師在 30 多年的兒童職能治療領域裡不但建立了個人的專業權威；更熱心公益，屢獲醫療人員公益獎的殊榮。張老師能針對兒童的身心特質與個別需求設計多樣化、趣味化、活潑化的療育活動，因此在與孩子互動時往往變身成孩子的大玩偶，深獲孩子的喜愛與家長的肯定。

這本遊戲書是張老師多年臨床經驗的累積，其內容包含五個訓練領域，共 125 個學習活動，不但簡單、方便、好用，每天只要 5 分鐘；而且因應不同年齡層的需求而有難易度的考量，因此在各訓練領域或活動的安排是嚴謹的，是精心策劃的，不但有橫向的思考亦有直向的聯繫，希望透過視（專心用眼睛看）、聽（用耳朵聽懂遊戲規則或指令）、觸、動（動手執筆寫字 / 畫畫）等多感官的系列刺激活動培養孩子的專注力；同時也希望孩子能運用眼到、耳到、手到、心到 ── 等知覺動作的經驗練習， 提升兒童的專注力及訓練孩子的判斷力與手眼協調和小肌肉的能力。

這是一本適合 2 至 5 歲兒童訓練專注力的遊戲書，主要在落實遊戲中學習，提供孩子一個既可以遊戲又可以練習的最佳遊戲本。值得推薦給家長、老師做爲親子共讀，師生共同學習及提升孩子專注力、持續力與耐性的好書。

財團法人育成社會福利基金會
城中發展中心主任 **黃素珍**

自序

好玩，是專心的開始

身為一個醫療人員要教小朋友怎麼「玩」，似乎有些越俎代庖，但在醫院裡的確存在著這群人一職能治療師，包括我。職能治療師利用兒童發展學、神經生理學、小兒醫學等理論，設計出許多幫助孩子更專心的「教材」，而且這些教材看起來都一樣，但是在不同的治療師面對不同的孩子時，就存在著不同的玩法，就像是一張過山洞的遊戲，可以訓練專注力，也可以訓練精細動作，還可以訓練記憶能力，最後再把這張遊戲拿來摺成紙飛機，訓練手眼協調與手臂力量。如此神奇的教材，現在就出現在大家眼前。

我們就從「專心」為主要目標吧！要讓學齡前兒童專心，最重要的就是要「好玩」，大家應該沒有看過 3 歲的小朋友乖乖坐在椅子上，跟著老師呆板地念著英文 26 個字母吧？大部分都是利用口訣和歌唱來學習，這是為什麼呢？因為這樣才好玩！人的一生中，不外乎三件事情，工作 (work)、休閒娛樂 (leisure/play)、自我照顧 (self-care)，爸爸媽媽要工作賺錢，爺爺奶奶要能夠把自己健康照顧好，而兒童就是要能在遊戲中成長，因此凡事能夠以「遊戲」的方式呈現給孩子，孩子才會願意配合學習，因此藉由好玩的遊戲來培養孩子的專注力，才是最有效率的做法！

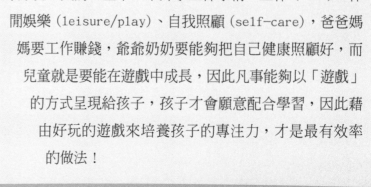

什麼樣的遊戲才能幫助孩子專心？只要能吸引孩子的任何遊戲其實都可以訓練孩子專心！遊戲中，孩子即使不斷出錯，但他仍願意繼續進行遊戲，這就是專心的表現！就像是一個學生聽不懂老師的講解，但是他仍注視著老師、勤做筆記，這就叫做「專心」，這就應該得到讚賞，因此這本書的出版，只是個「藥引子」，眞正的「藥方」是在父母身上，您會陪孩子玩嗎？看得到孩子在哪個層面專心嗎？能夠有創意讓遊戲更好玩嗎？別緊張，書中的小秘訣可以幫您運用的更加順手！

不是孩子把整本書做完就會專心，也不是每個遊戲玩得很好就會專心；如果孩子急就章把每個遊戲做完，那表示孩子的專注力持續度不足，如果孩子輕易地把遊戲完成，或許他的智力很高，但醫學研究指出，智商偏高的孩子注意力不足的情況比一般孩子來得多，這是因為他們很會「舉一反三」，但是也容易「眼高手低」，對於細節容易忽略，「聰明反被聰明誤」，因此需要爸爸媽媽的細心觀察，對於孩子在遊戲中的表現給予正面的鼓勵與檢討，孩子才能在沒有過高壓力的遊戲中，促進大腦神經的連結，幫助孩子更專心。

張旭鎧

目錄

給家長的話

怎麼陪孩子玩？

利用水管式的三度空間迷宮練習，不僅訓練幼兒的專注力，也有助幼兒的空間概念發展！讓將來看地圖、黑板都不成問題。

玩出什麼能力？

☑ 空間概念發展 ☑ 3D追視能力 ☑ 觀察判斷力 ☑ 專注力 ☑ 手眼協調力

怎麼玩單元1

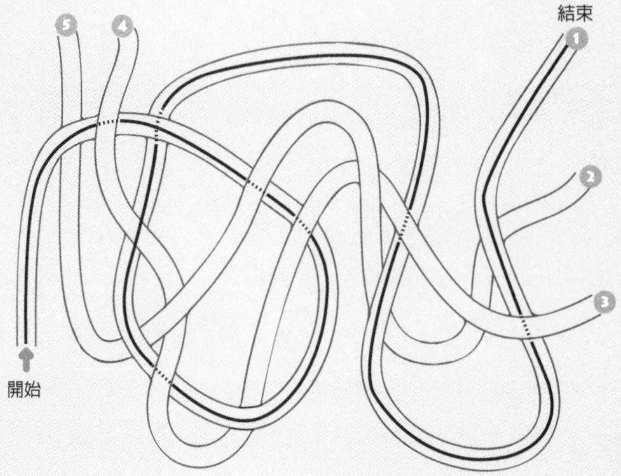

還可以這樣玩

請準備5條長度約30至50公分不等的童軍繩，彼此交錯置於桌面，爸媽拉著一端，請孩子用眼睛找出另一端在哪裡！

Part 2 圈叉找一找 ……P.037 ~ 062

給家長的話

怎麼陪孩子玩？

在柵欄外找綿羊，在柵欄裡趕狐狸，有助提升幼兒的判斷能力，讓孩子將來能判別「選擇題」要填寫 123，「是非題」要畫圈叉。

玩出什麼能力？

☑ 選擇性專注力 ☑「多步驟指令」的理解力

怎麼玩單元 2

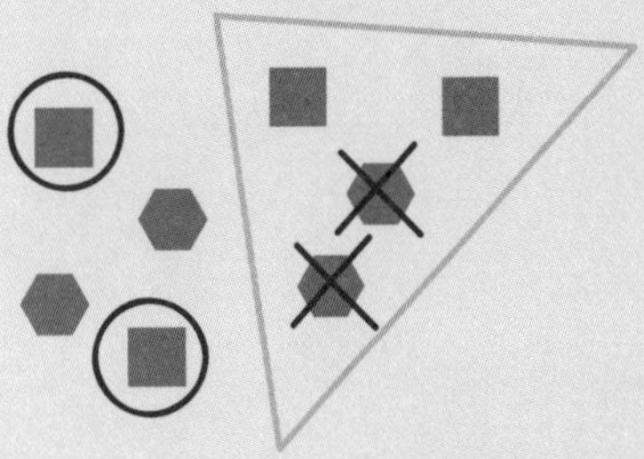

還可以這樣玩

利用 2 至 3 種卡通連續圖章，請孩子在紙上蓋上圖案，由媽媽任意圈起一個範圍，告訴孩子在範圍中，將某一種圖案打圈，另外一個圖案打叉。

Part 3 圖案配對 ……P.063 ~ 088

給家長的話

怎麼陪孩子玩？

配對的圖案組合，可以訓練孩子觀察力與圖形辨別能力，對於將來學習國字的部首及文字的組成都有極大的助益。

玩出什麼能力？

☑ 細微觀察力 ☑ 視覺專注力 ☑ 探索能力 ☑ 圖形辨別能力

怎麼玩單元 3

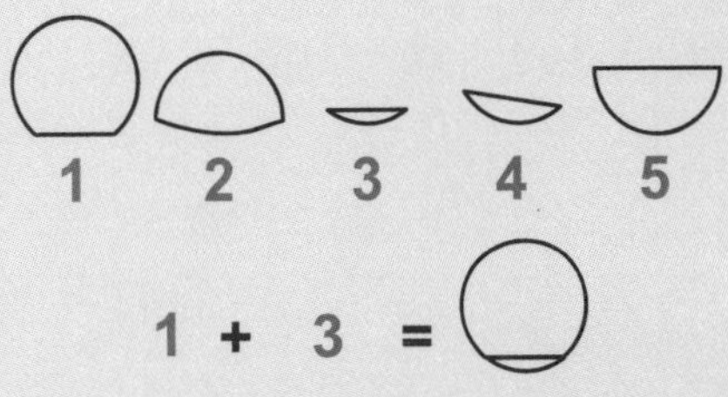

還可以這樣玩

準備相同顏色的多張色紙，以不同的摺法將每張紙摺起來，協助孩子將每張紙任意剪成兩半，攤開後就成了各種不同的形狀。試著請孩子配對看看吧！

Part 4 大家來找碴 ……P.089～114

給家長的話

怎麼陪孩子玩？

請幼兒找出兩幅相似圖畫中的微小不同，有助於幼兒的觀察力訓練，讓幼兒有敏銳的觀察力，在同中求異，發現生活中的不一樣，並提升將來的國字改錯能力。

玩出什麼能力？

☑ 觀察力 ☑視覺記憶力 ☑ 區辨能力 ☑持續專注力

怎麼玩單元 4

還可以這樣玩

準備數位相機與腳架，將孩子的玩具散於桌上，拍下一張後，移動幾個地方、拿走或增加幾個玩具，接著再拍一張，這兩張照片就是自製的專屬遊戲。

Part 5 編碼遊戲 ……P.115～140

給家長的話

怎麼陪孩子玩？

利用簡單的圖案與數字，請孩子解碼找出答案，不僅訓練專注力，還能教孩子許多解題技巧，提升孩子解決問題的能力！

玩出什麼能力？

☑ 解決問題的能力 ☑ 觀察力 ☑ 反應力 ☑ 記憶力 ☑ 專注力

怎麼玩單元 5

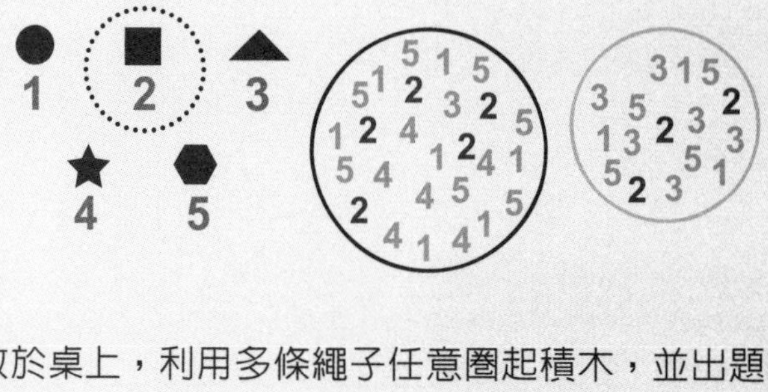

還可以這樣玩

準備不同積木數個散放於桌上，利用多條繩子任意圈起積木，並出題讓孩子找，「紅色積木是蘋果，黃色積木是香蕉，找找哪個圈裡的蘋果最多？」

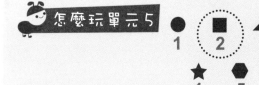

如何使用這本遊戲書

孩子的學習 父母不能缺席

家長陪同，發揮大功效

這本遊戲書的基本玩法就是依照每個題目進行遊戲，最好是由父母帶著孩子一起玩遊戲，父母的作用不是幫孩子遊戲過關，而是須先解說題目讓孩子了解玩法，並在遊戲進行中鼓勵孩子多看、多想；當孩子成功完成時給予讚賞，遇到挫折時給予安慰，如此才能建立孩子的自信心，讓孩子更願意參與遊戲，提升專注力。

此外，遊戲書中的「專注力遊戲小提示」才是遊戲設計的重點，爸媽如果可以根據秘訣來觀察與幫助孩子，將不僅有助於孩子的專注力，更可以幫助孩子學習到許多知識與能力。

可依孩子的程度，選擇遊戲難度

本書裡的遊戲依照難易程度編排，您可以依書中標示的「★」顆數作爲標準，建議從簡單的遊戲開始，若孩子玩完整本書中一顆★的遊戲，再來挑戰兩顆★的遊戲，以此類推，不要勉強。此外，即使孩子對於遊戲輕易上手，但也是個培養孩子耐心的機會，讓孩子先從簡單的遊戲熟悉玩法，等到後面需要更專心的遊戲時，孩子才會有更好的表現。

不同年紀的孩子，有不同玩法

* **學齡前的幼童：**需要家長的陪同與指導，才可讓孩子了解題目的玩法，並在父母的鼓勵之下願意參與學習與練習。而當孩子尚未發展出握筆能力時，爸媽也不一定得要求他用鉛筆來作答，手指頭就是很好的工具。
* **學齡兒童：**需要家長變化題目，讓孩子提升學習動機與興趣，才能幫助孩子將這樣的能力轉化到課堂學習與家庭作業中！當孩子的認知能力開始發展時，則可以在遊戲中教導孩子認字，藉以提升他的認知能力。

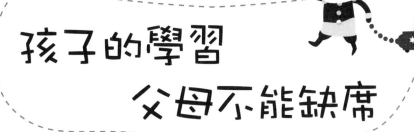

每次玩多久？

請不要讓孩子短時間內進行大量的遊戲，建議剛開始時能夠以每天5分鐘的方式進行，而且只進行一個遊戲，等到孩子專心度提升了，就可以把時間拉長，一般而言，每個遊戲最佳的進行時間為5至8分鐘，隨著遊戲時間增加，孩子的專心持續度也跟著提升。

重複遊戲效果更佳

每個遊戲可以利用影印放大或縮小，版面放大時，孩子視覺專注的範圍必須增加，可以強化眼球控制肌肉，並且提升觀察力，而版面縮小的時候孩子就必須更集中注意力，對於那些年齡較大、智力表現比較好的孩子可以這樣使用。

每個遊戲不是玩一次就好，可以利用小秘訣中的遊戲修改方式，讓同一個遊戲有其他玩法。同一面遊戲的重複練習，可以培養孩子的耐心與穩定性，對於將來面臨靜態的學習或閱讀時，才能有良好的專注力表現。

就是「專注力」！

每種遊戲都會利用到孩子除了「專注力」以外的各種能力，例如，眼睛看時就會需要「視知覺」、拿筆畫時就會需要「精細動作」、用手走「過山洞」時需要「手眼協調」、「編碼遊戲」需要「記憶力」等，如果孩子在遊戲中表現不佳，需要爸爸媽媽仔細觀察並找出原因，其實孩子表現不好，不見得是單純因為「專注力」問題，因此需要「對症下藥」，才能讓孩子更專心。

PART 1

過山洞

WHAT 可以玩出什麼能力

父母總是希望小朋友可以專心「做一件事」，但事實上每件事情都有很多的步驟與細節必須要「專心」，就像是寫功課時，不僅要看清楚題目的意思，還要留心題目的陷阱，最後要避免計算失誤。這一連串的過程正是注意力表現的標準流程，如果小朋友的注意力無法做適當的轉移，那麼就只能專心一件事，而不能「眼觀四面，耳聽八方」了！

本單元結合「迷宮」及「大家來找碴」兩種遊戲，不僅訓練進階的專注力，更可以訓練小朋友的判斷力，學會以最有效率的方式來解決問題。

HOW 小朋友應該怎麼玩

玩的時候小朋友不再只是盲目地在迷宮中前進，因為每一條路都會到達看似一樣卻又不同的「終點」，因此小朋友必須決定要選用方法 1 或方法 2：

方法 1 在目標的四張圖中找出和題目相同的圖，接著找出通往目標的路線。

方法 2 任意行走，走到一個目標之後，再來比較是否和題目相同，如果不同再重新走起。

事實上，這兩種方法都可行，但是哪一種較有效率？我們可以讓小朋友自行比較！遊戲的進行方式為：

1. 先告訴小朋友，這些看似相同的目標中只有一個是正確答案。
2. 接著請小朋友試著說出他想進行的解決策略（方法 1 或方法 2），並鼓勵小朋友動手做並且計時。
3. 最後請小朋友嘗試用另外一種方式來找出答案，並比較哪一種方法比較快速。

過山洞 01

遊戲難度：★

噗噗小貨車要走幾號公路，才能回到家呢？

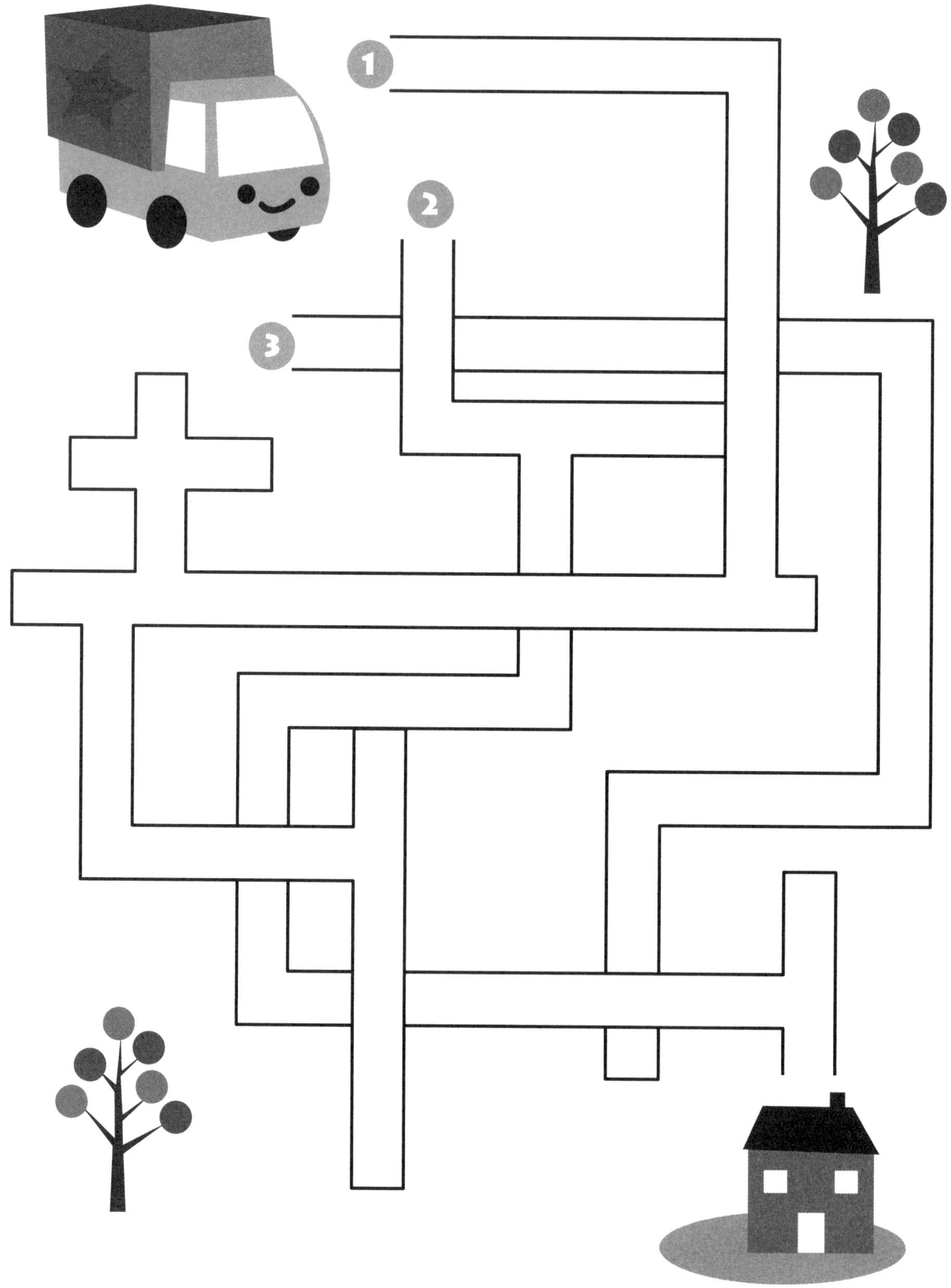

遊戲小幫忙

當孩子無法辨別為什麼可以「穿牆而過」，或是任意穿牆轉彎時，請您利用不同顏色的色紙剪出類似題目的道路，並任意交錯擺設，藉由實際物品來幫助孩子了解題目的意義。

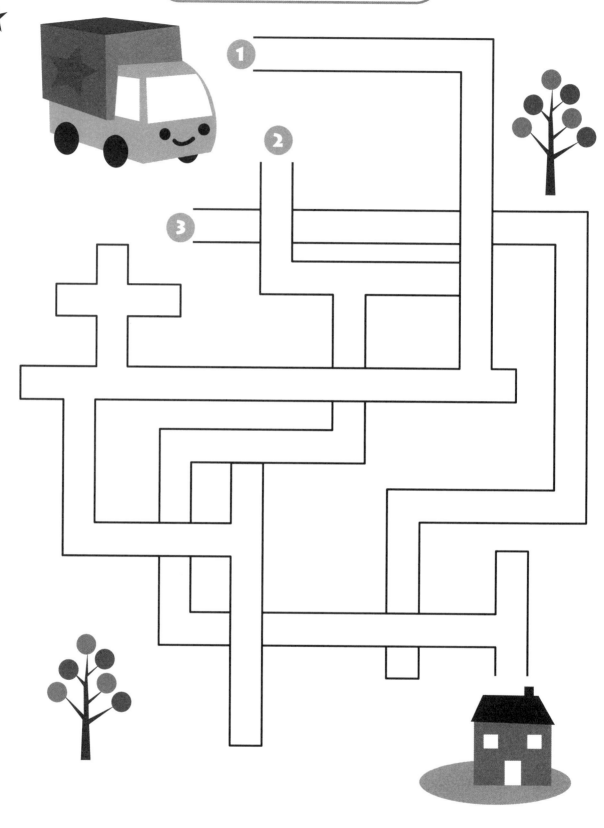

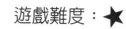

遊戲難度：★

貓咪要去買蛋糕，請問要走哪一條路才會到蛋糕店呢？

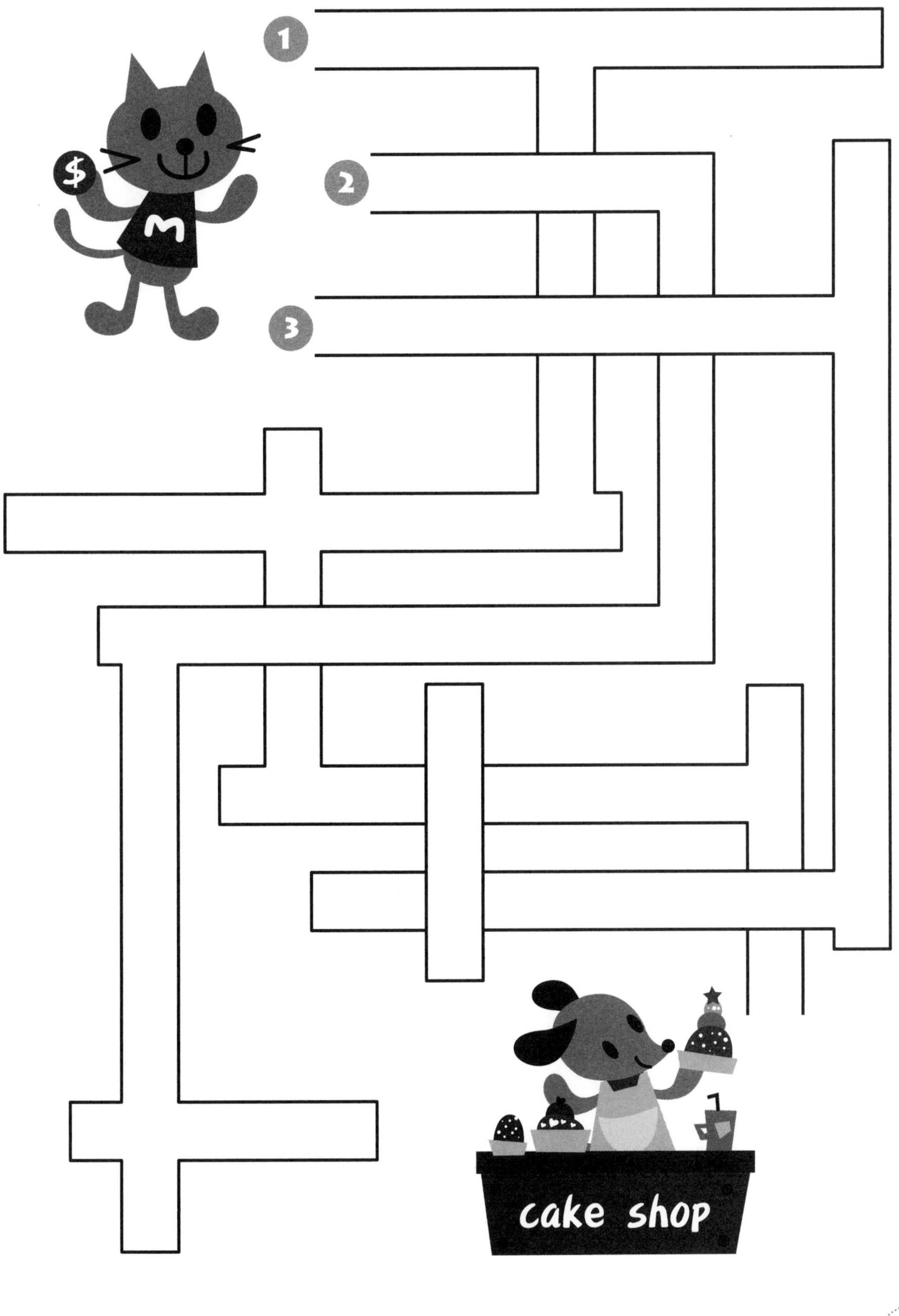

遊戲難度：★

過山洞 03

小貓咪開貨車要送花給大象，請問要走幾號公路呢？

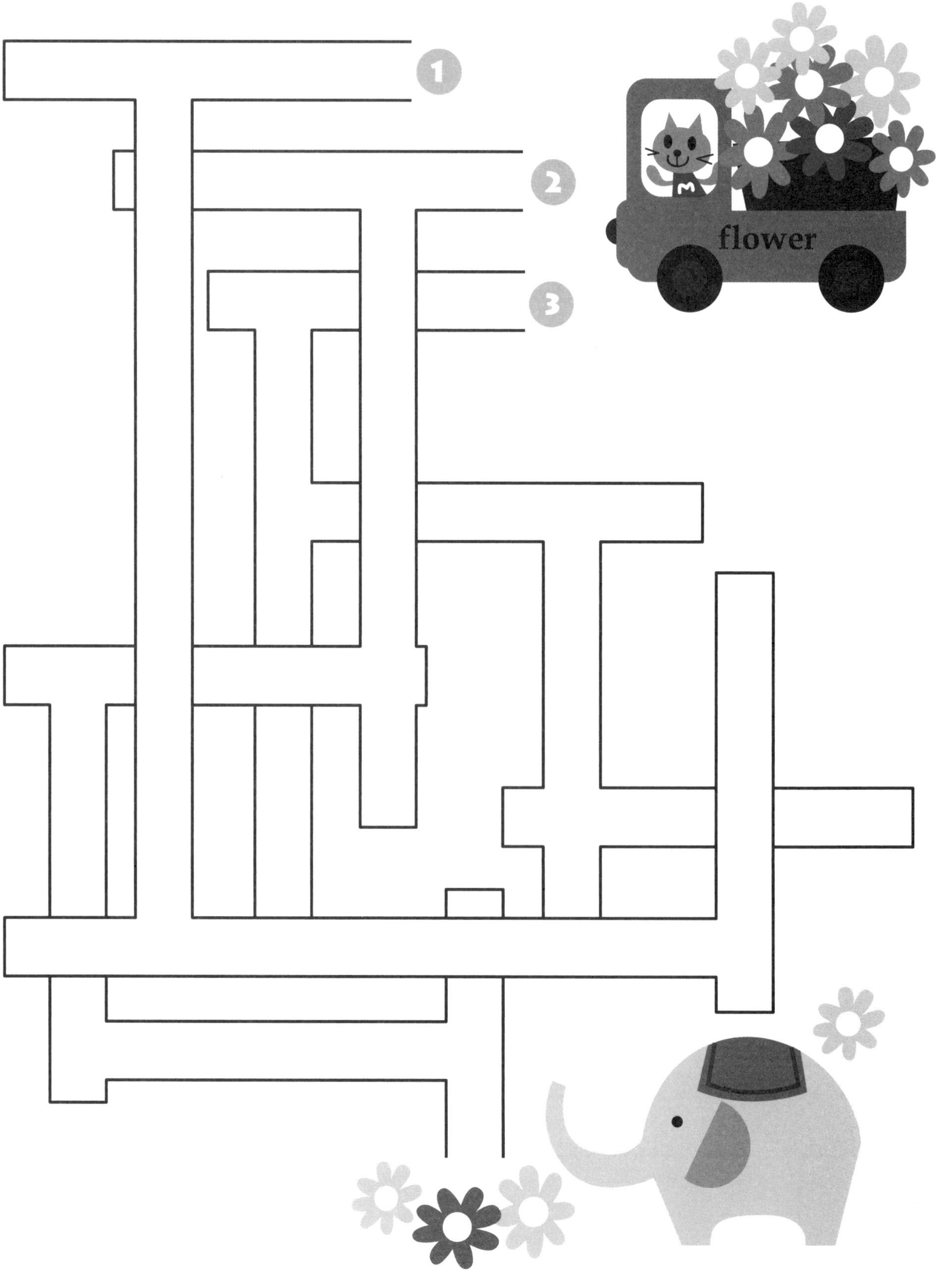

遊戲難度：★

小狗公車要走幾號公路，才能讓貓咪搭上車呢？

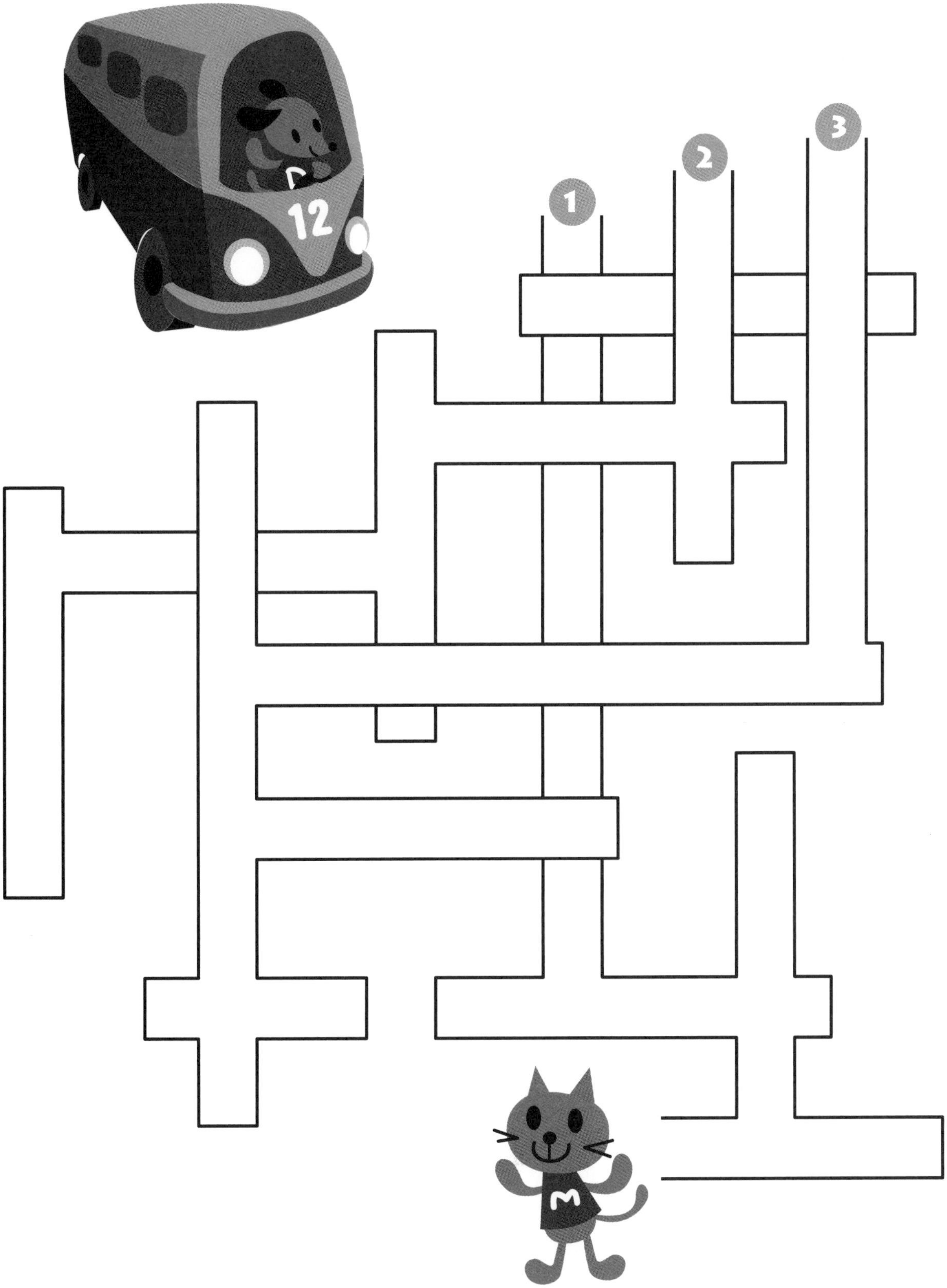

遊戲難度：★

小狗好想吃冰淇淋喔！走幾號路才能吃得到呢？

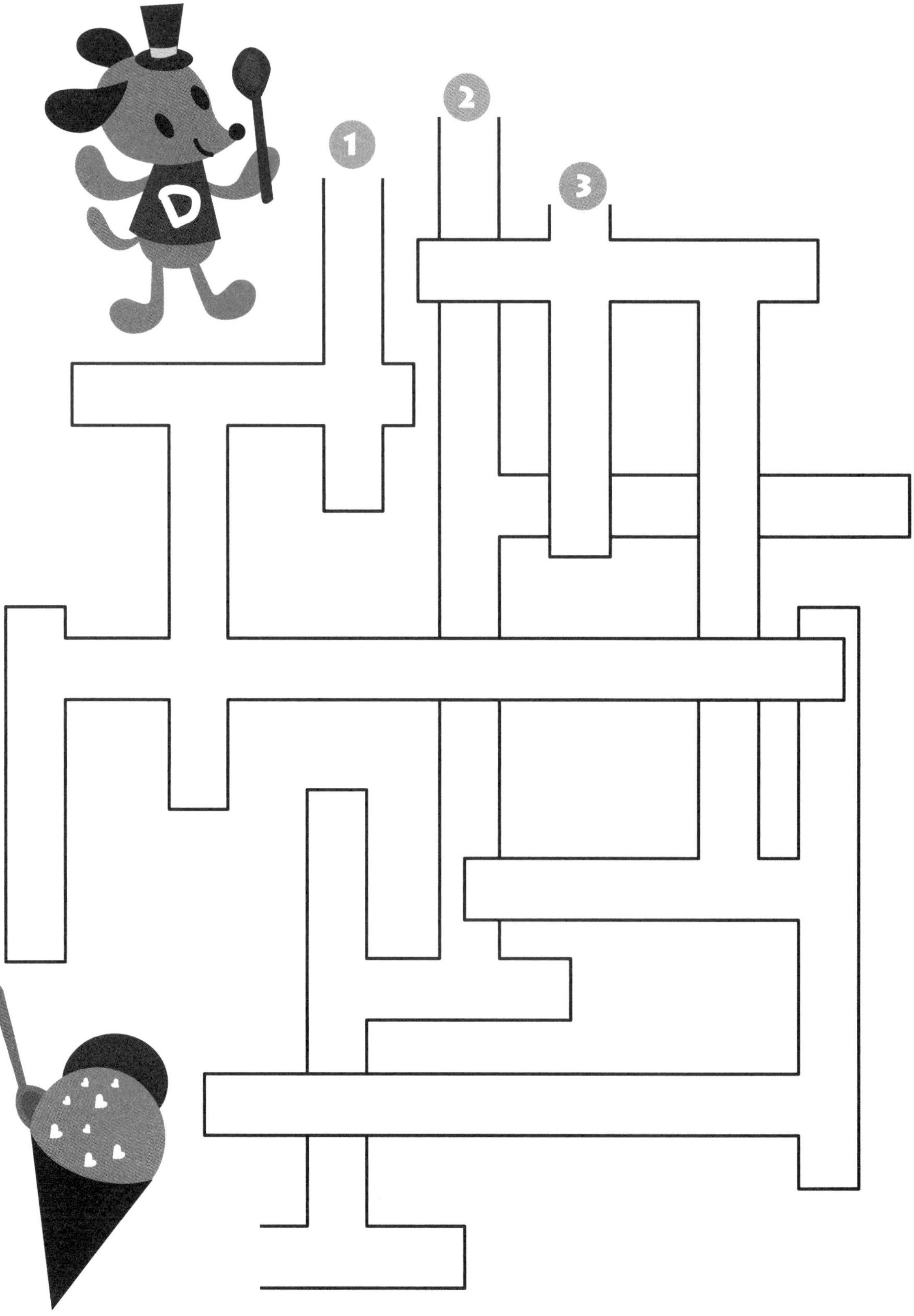

遊戲小幫忙

密密麻麻的路線圖讓孩子眼花了嗎？您可以拿另一張紙先把還沒有走到的路線遮起來，等孩子走到時再慢慢地移開，這樣可以避免孩子看到太多而分心。

遊戲難度：★

請問小鳥兒要飛往哪個出口呢？

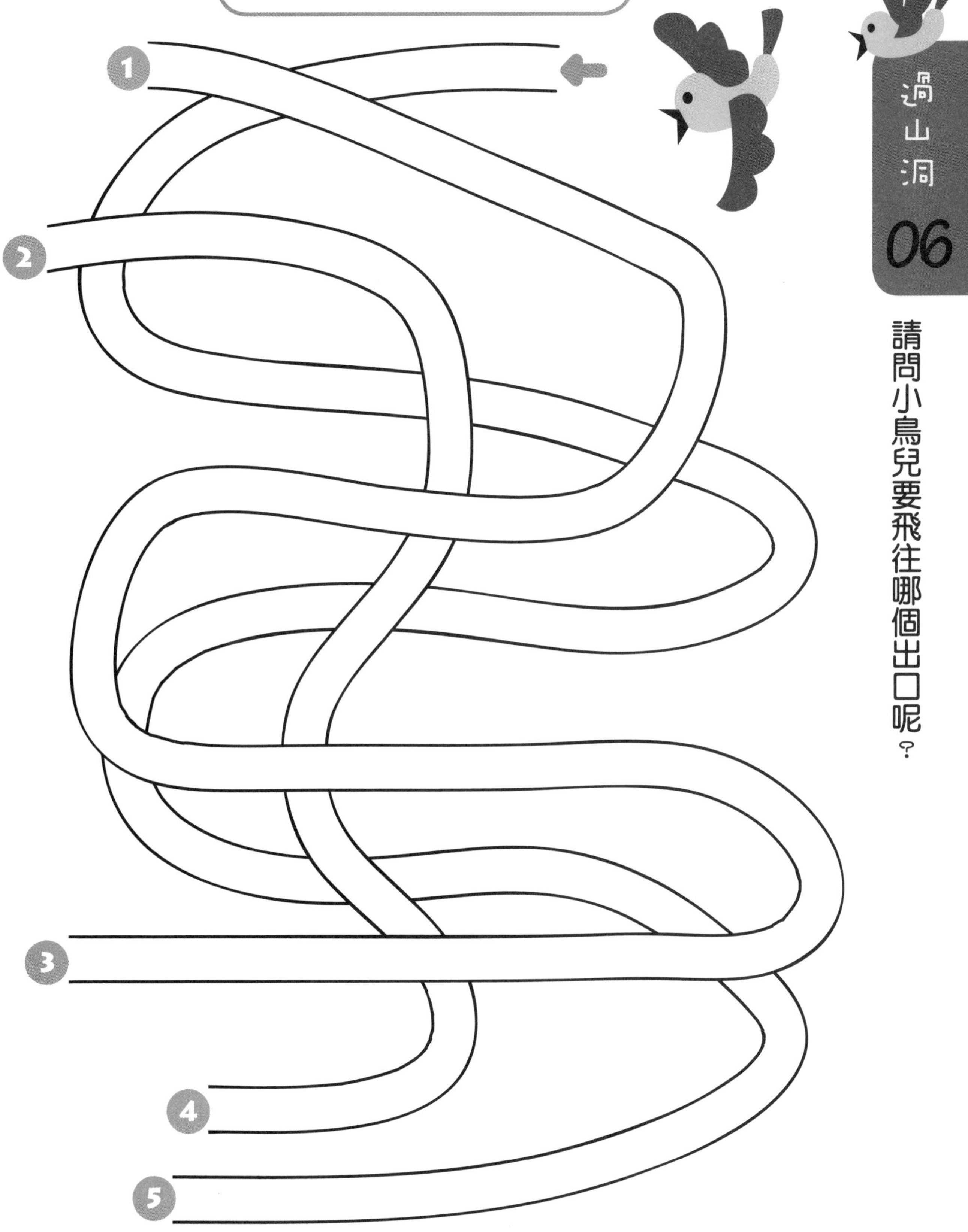

遊戲小幫忙

如果孩子對於交錯的路線無法分辨，請您先將每條路徑用不同的顏色著色，以幫助孩子分辨路徑的不同。之後可以請孩子將每條路徑著色，有助於找到正確答案。

遊戲難度：★

小螃蟹爬呀爬，牠要爬往哪一個洞藏起來呢？

遊戲難度：★

貓咪要去逛街囉！幾號出口是牠的目的地呢？

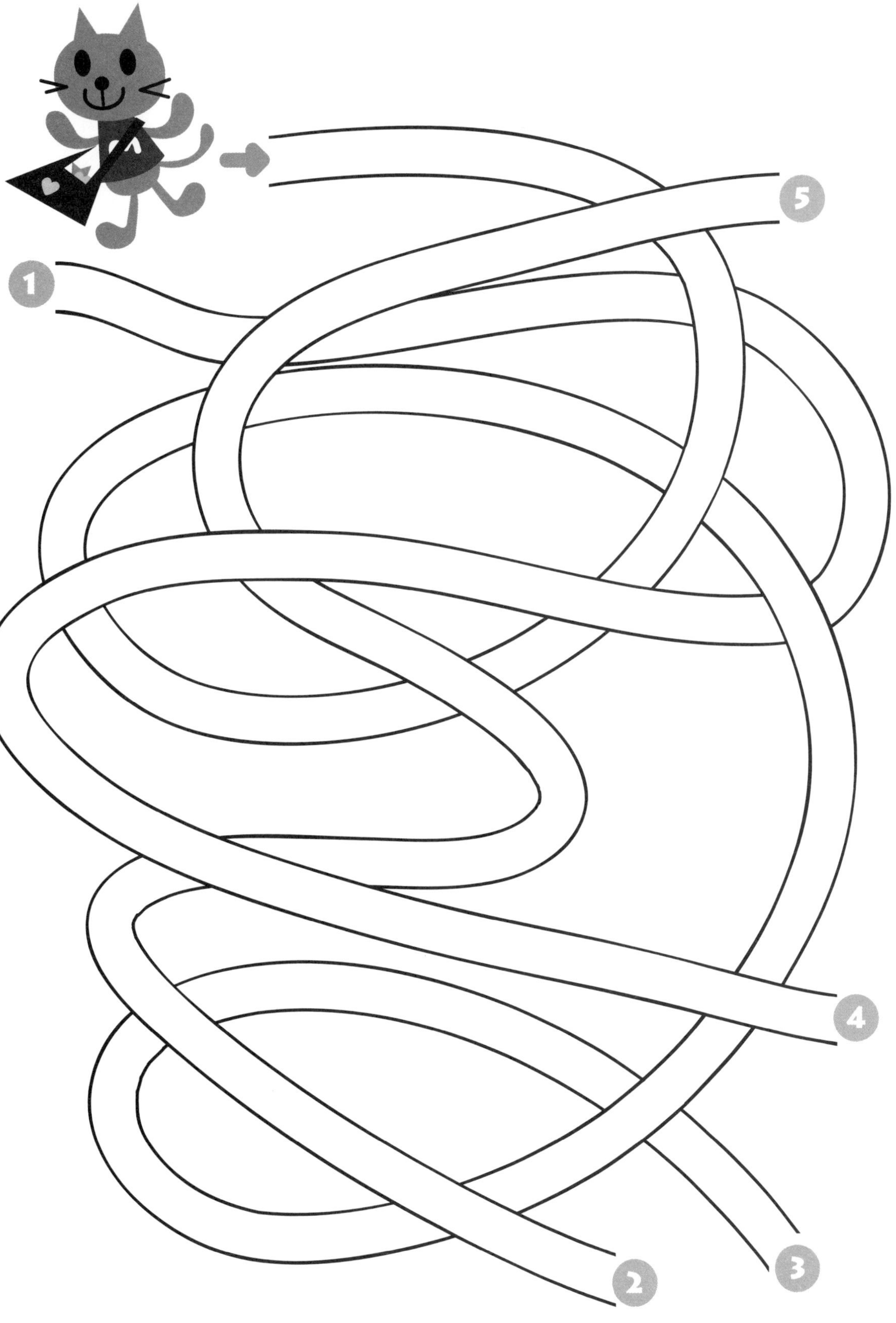

遊戲難度：★

過山洞 09

貓來了，小老鼠要趕緊躲起來，牠會躲在幾號洞呢？

遊戲小幫忙

玩完一次就結束了嗎？考考孩子從另一個入口可以通往幾號出口？哪一條路走是沒有出口的？題目只是給您一個遊戲的方向，您可以任意變化，如利用孩子的玩具娃娃當成主角，會更有趣喔！

遊戲難度：★

小蜜蜂想把甜甜圈滾回家，幾號才是牠的家呢？

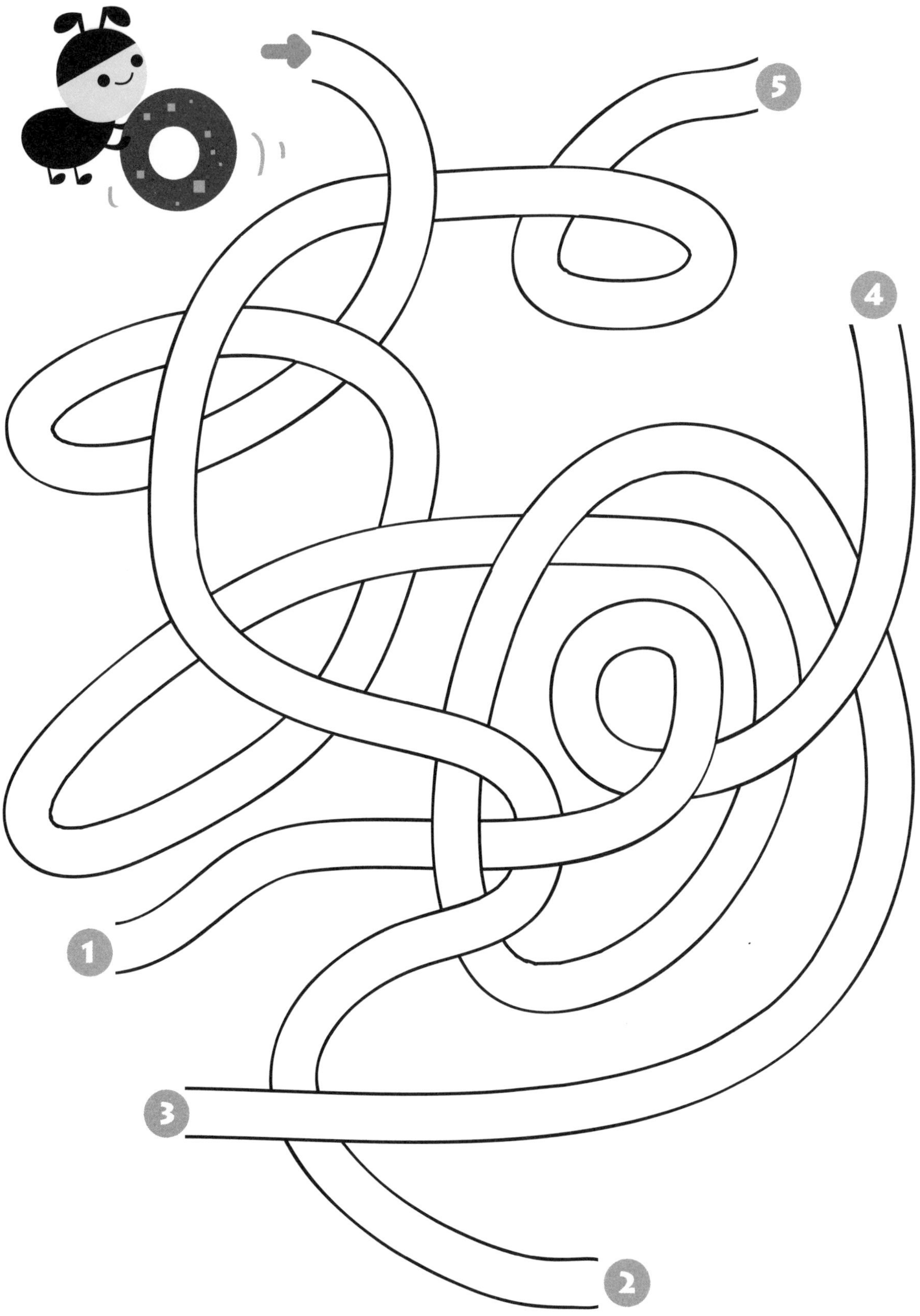

遊戲難度：★★

小魚兒水裡游，游來游去游去哪裡呢？

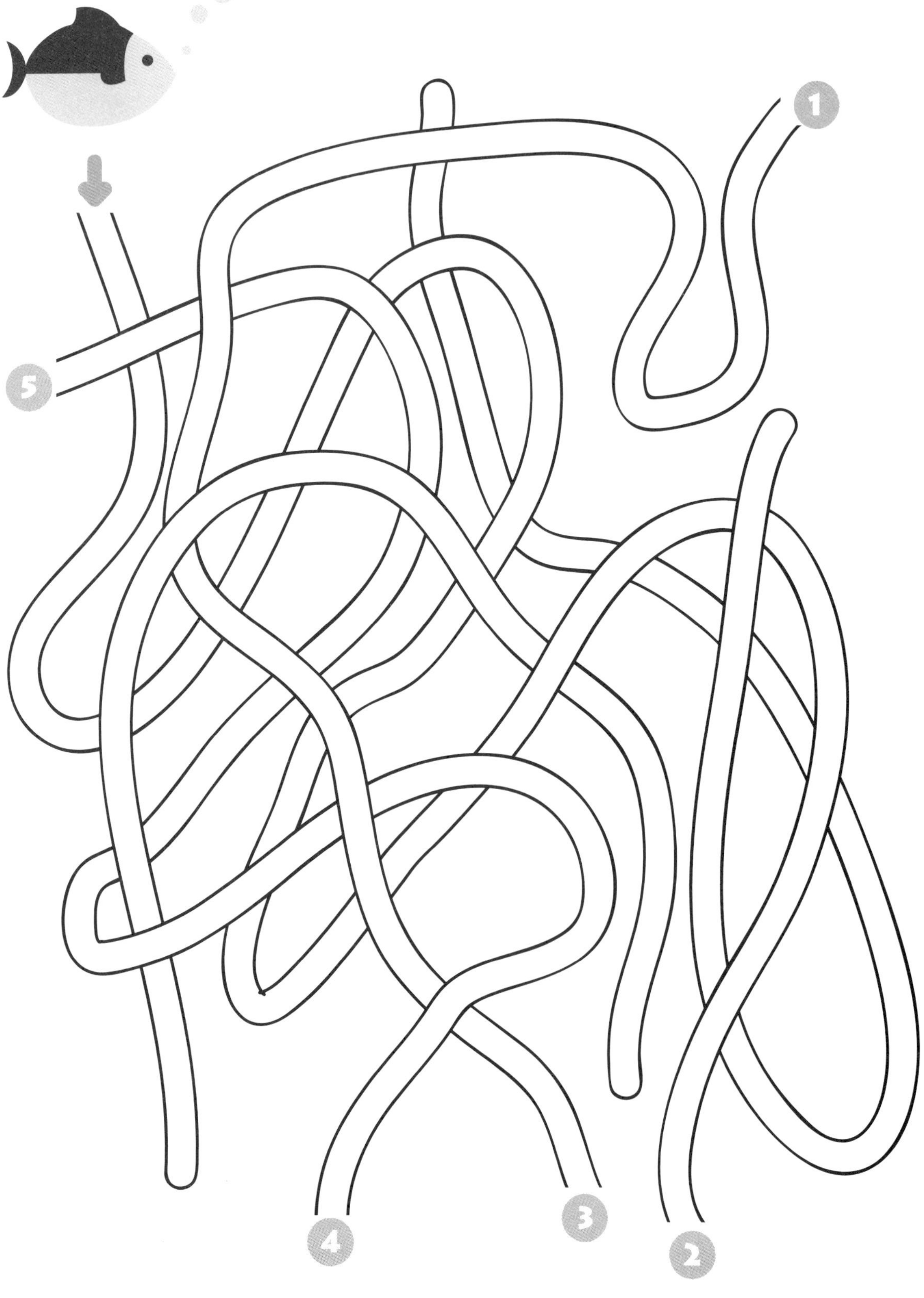

遊戲小幫忙

每玩三個單元，就讓孩子休息 5 至 10 分鐘吧！以免培養了孩子的專注力，卻傷了孩子的視力！適當的休息，可以讓接下來的遊戲表現更專心喔！

遊戲難度：★★

美麗的蝴蝶飛呀飛，會飛去幾號出口呢？

過山洞

13

遊戲難度：★★

小豬要去上學，走幾號公路才會到學校呢？

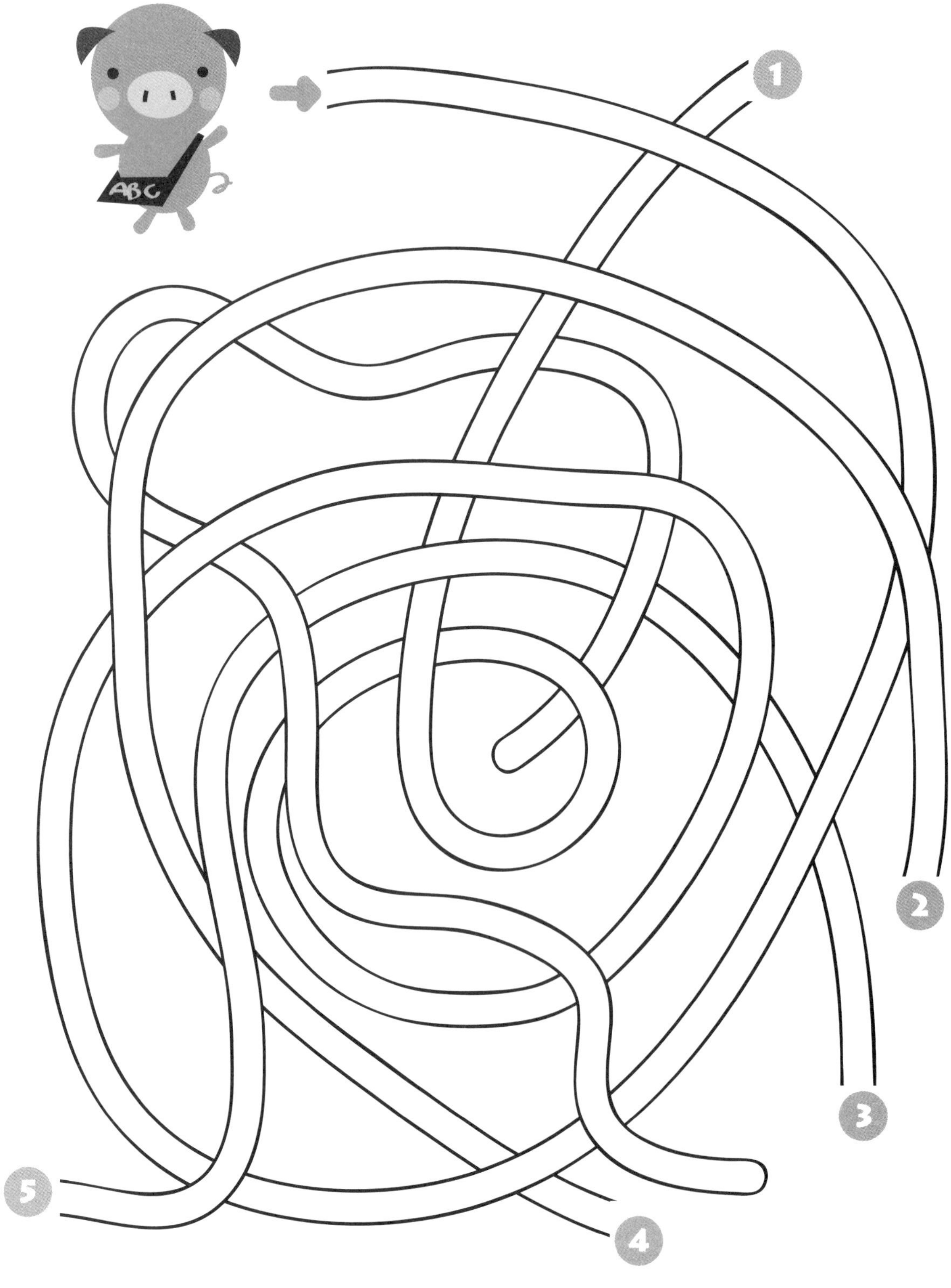

遊戲小幫忙

隨著難度提高，孩子在每個單元所花的時間也變得更長了，這可不是孩子不專心而使速度變慢，而是孩子的專注力持續度提升了！

遊戲難度：★★

船開了，會開往哪一號碼頭呢？

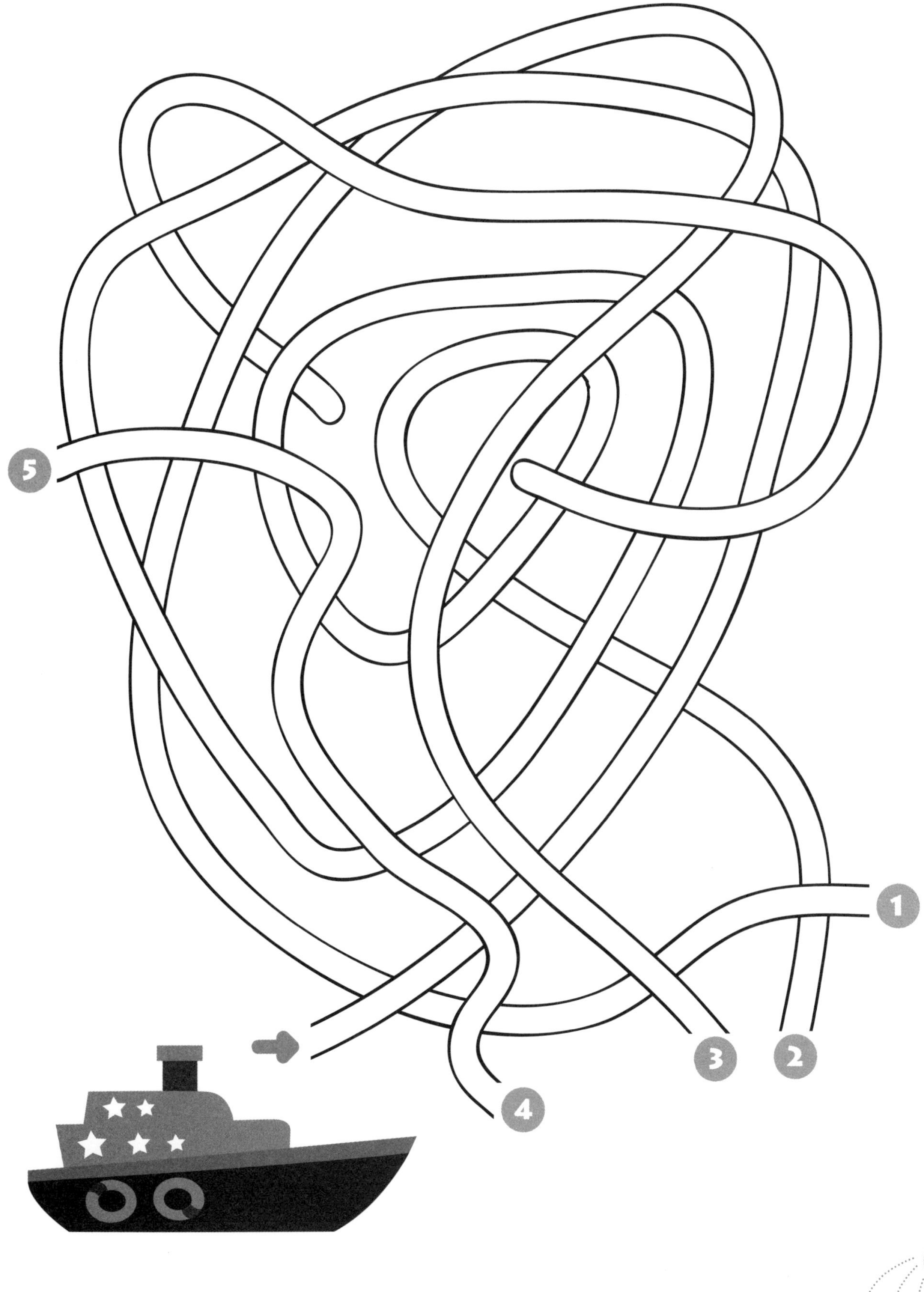

遊戲難度：★★

小貓咪帶著氣球會從幾號出口出來呢？

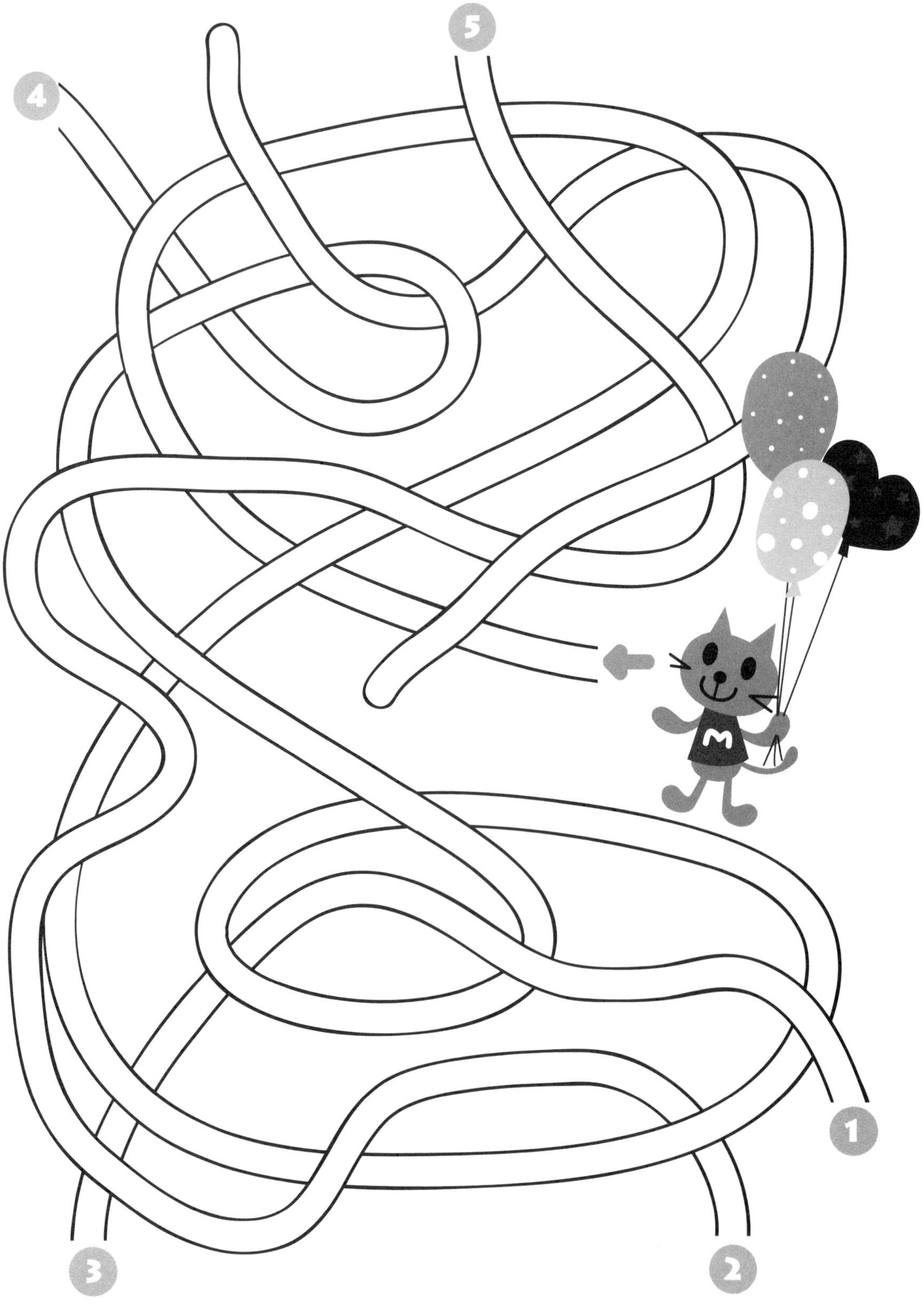

遊戲小幫忙

路線越來越細了！要給孩子多一點時間來練習與反應，如果這時候用手指會蓋住路線，不妨改用短棍或筷子來代替手指，這樣可以幫助孩子更容易參與遊戲。

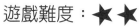

遊戲難度：★★★

過山洞 16

小狗烤了生日蛋糕，牠要送去哪兩個地方呢？

遊戲小幫忙

玩過的遊戲還可以再玩！翻回前面的單元，把遊戲放置在孩子面前一公尺的距離，這時候孩子必須排除視野中其他的刺激而專心看著遊戲，可以提升孩子在日常生活中的專注力。

過山洞

17

小貓咪騎腳踏車，會從哪兩個出口出來呢？

遊戲難度：★★★

遊戲小幫忙

反過來也可以玩，有些孩子記憶力很好，可以記得單元的答案，這時只要將遊戲反過來，他就無法與記憶做連結，因此又多了一次練習的機會。

遊戲難度：★★★

過山洞

18

貓咪開貨車去送禮物，請問牠要送到哪兩個地方呢？

遊戲難度：★★★

小豬去花園散步，請問牠可以從哪兩個出口回到家呢？

遊戲難度：★★★

小兔子會從哪兩個出口跑出來呢？

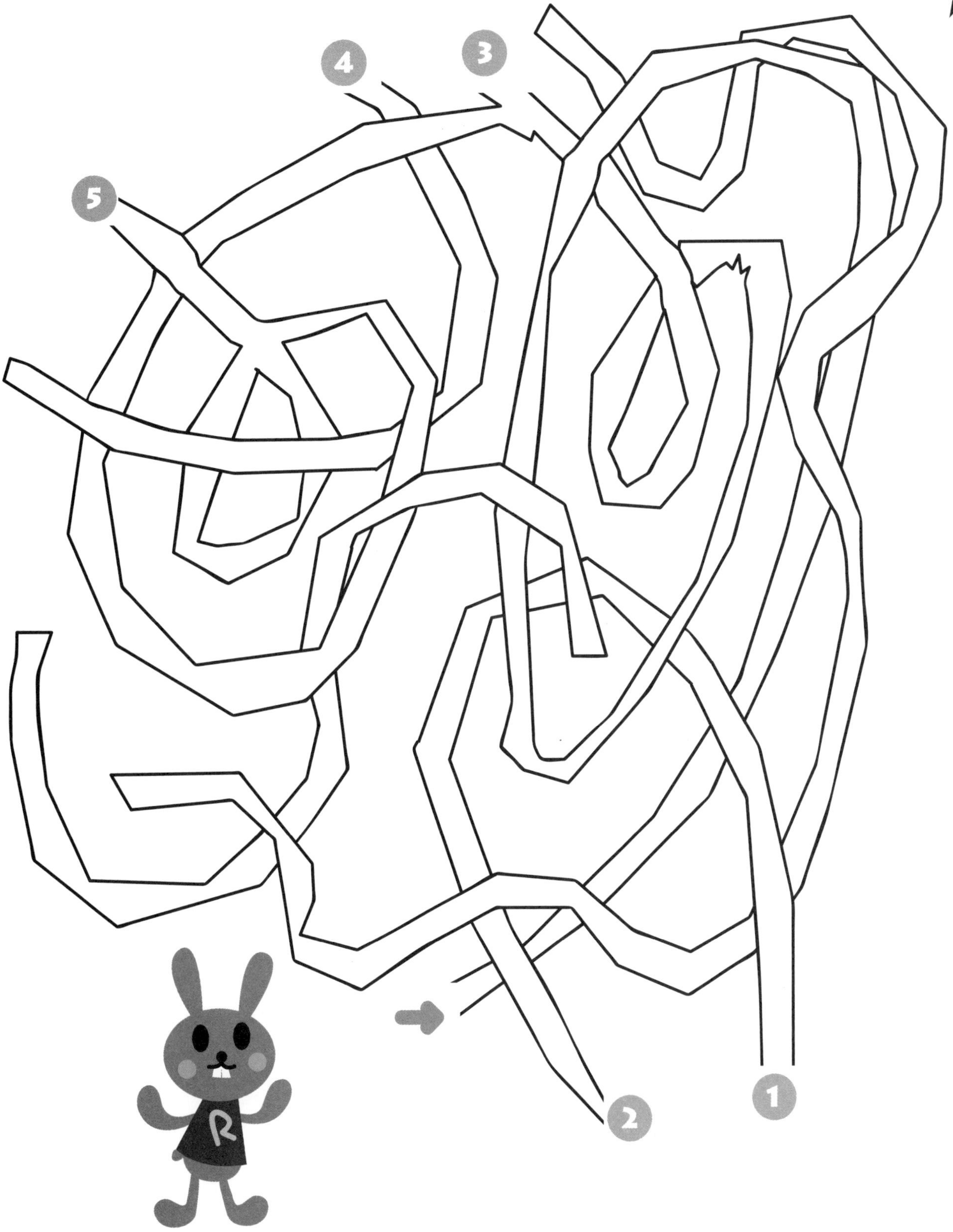

遊戲小幫忙

將每個單元影印下來，將文字與圖案去除，只留下路線圖，可以讓孩子自己創作自己的「過山洞」遊戲，這樣孩子會更有動機參與，專注力自然獲得提升。

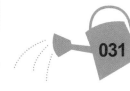

過山洞 21

遊戲難度：★★★★

小狗、小豬和貓咪，猜猜是誰可以吃到蘋果呢？

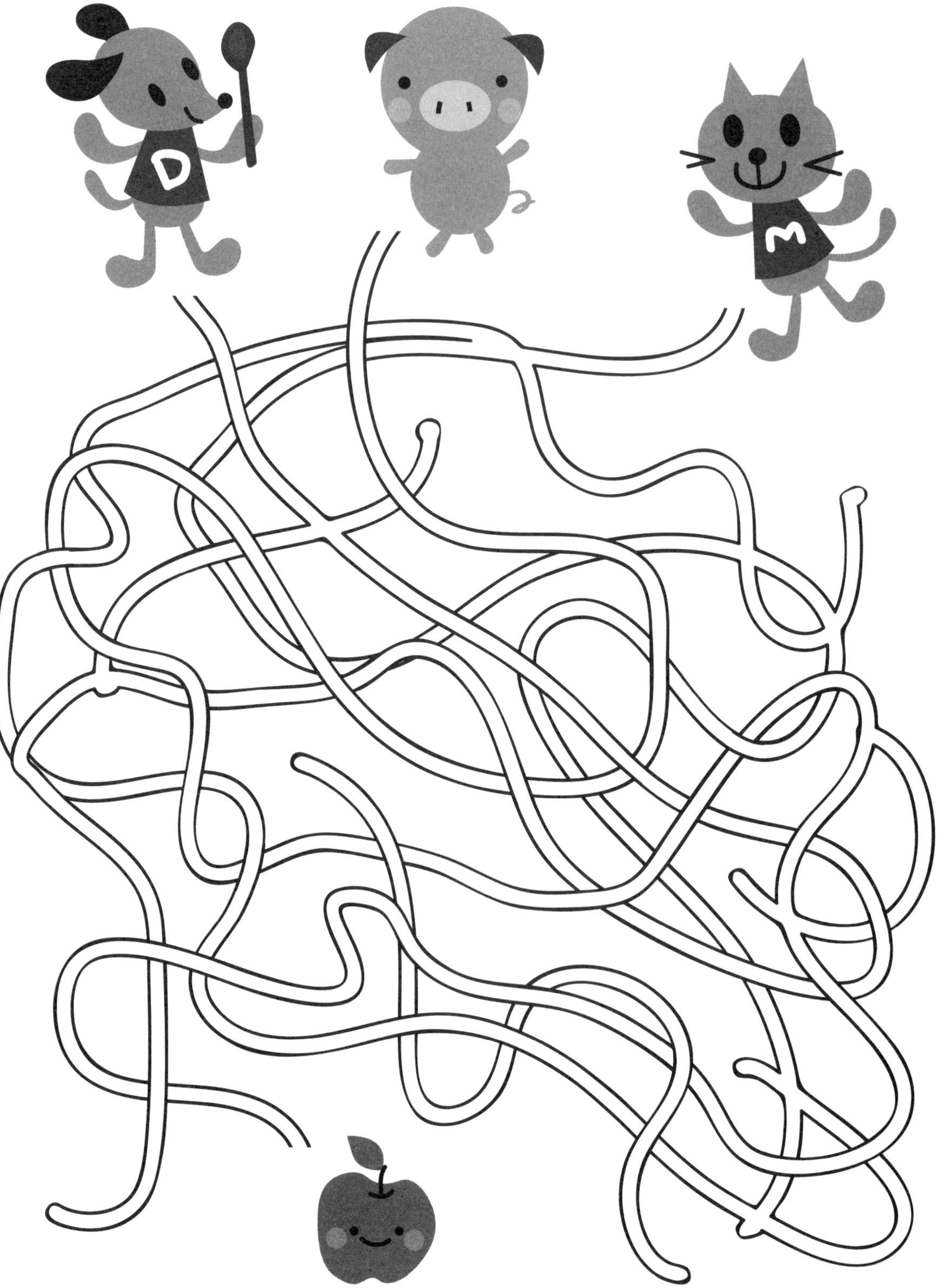

遊戲小幫忙

複雜的路線有時會讓孩子不願意進行遊戲，這時候不妨直接告訴他要從哪一個入口進入。答案正確與否雖然是孩子專注力表現的重點之一，但是專心看著路徑的過程，也是專注力的表現喔！

遊戲難度：★★★★

從哪一條地道進去可以找到躲起來的小老鼠呢？

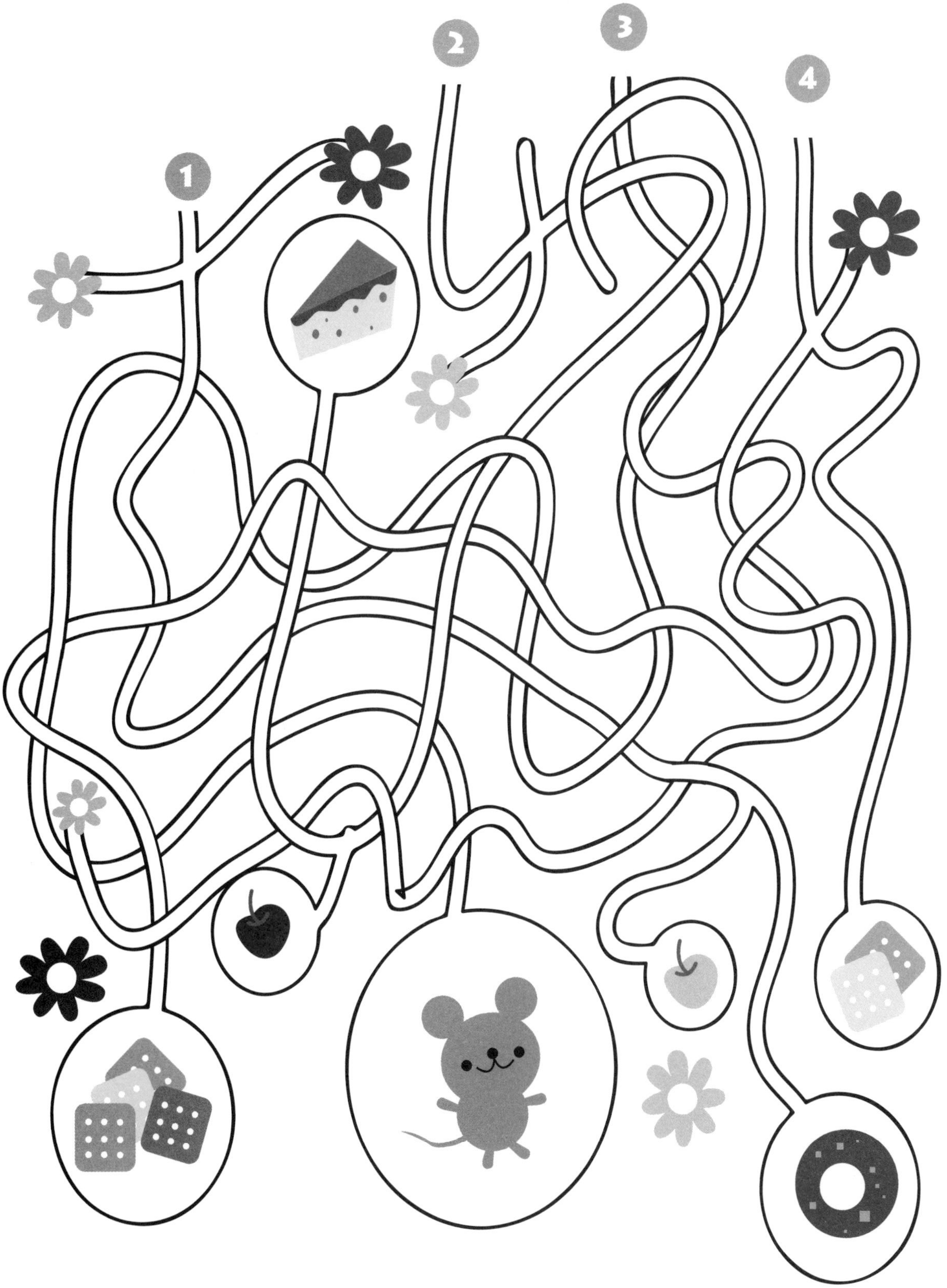

遊戲難度：★★★★

過山洞

23

走哪一條公路可以找到走失的大象呢？

請準備 5 條長度約 30 至 50 公分不等的童軍繩，彼此交錯置於桌面，媽媽拉著一端，請孩子用眼睛找出另一端在哪裡！

遊戲延伸

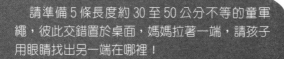

遊戲難度：★★★★

走哪一條公路才可以坐到小狗巴士呢？

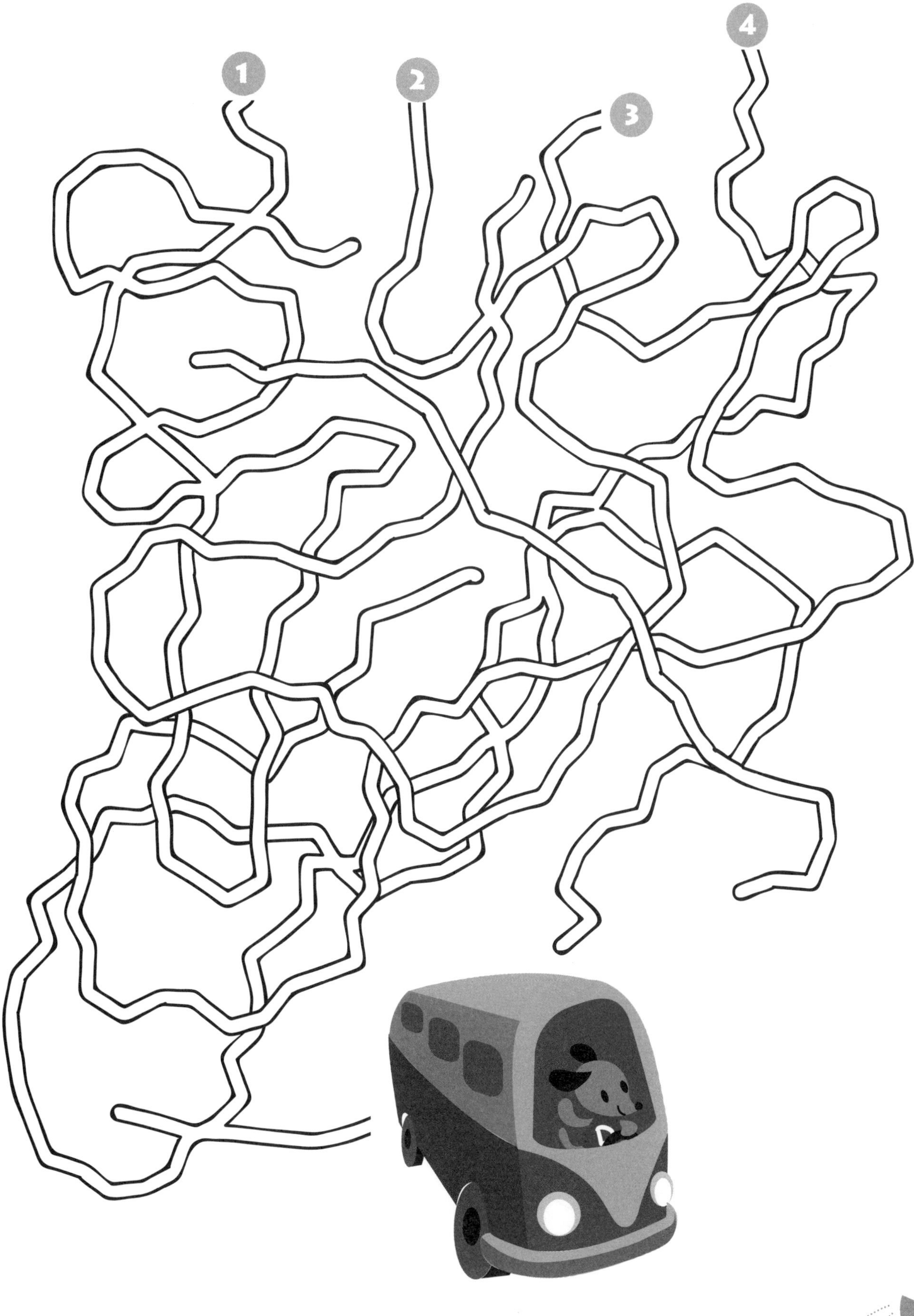

遊戲難度：★★★★

過山洞

25

請問哪一隻動物可以騎到腳踏車呢？

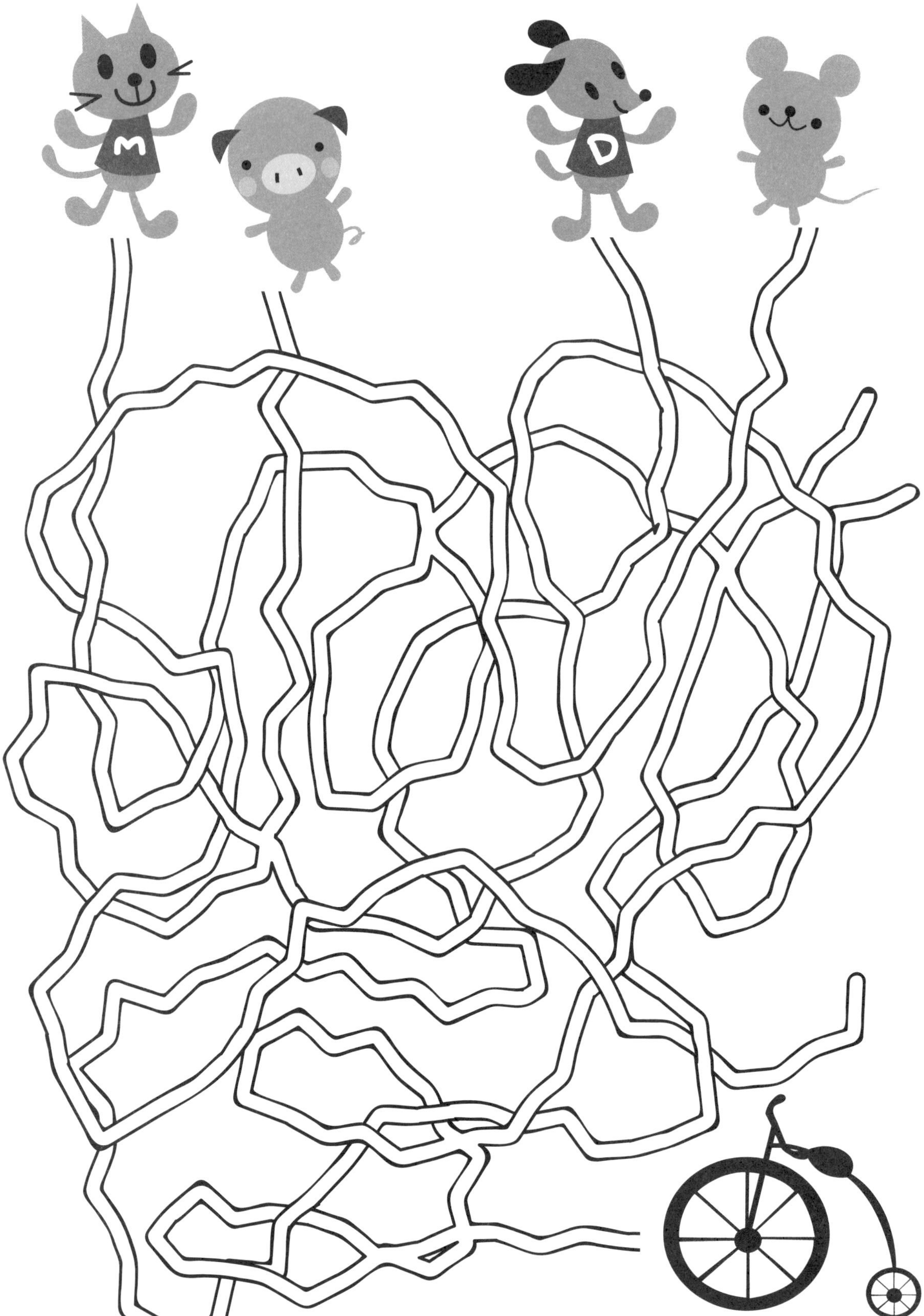

Part 2

圈叉找一找

寫給家長的話

可以玩出什麼能力？

「圈叉找一找」是在一群類似的圖形中，針對不同的地方做不同的選擇，並且做不同的動作，像是在三角形範圍中把六邊形打「叉叉」，把外面的正方形圈起來。這樣的過程需要孩子的「選擇性專注力」，也就是一心多用的能力，就像媽媽請孩子幫忙垃圾分類一樣，「把地上的寶特瓶撿起來放到藍色垃圾桶、把桌上的報紙摺起來放到白色箱子」，如果孩子選擇性專注力落後，對於執行上述指令時，就可能會忽略或搞混，反而「越幫越忙」。

小朋友應該怎麼玩？

請孩子直接拿著鉛筆操作這個單元，但不要因為圈的不完全或「叉叉」打的不好看而對孩子有所責備，畢竟較小的孩子運筆能力尚未發展完全，所以只要孩子能夠做出不同的記號就可以了！因為，我們訓練的是孩子的專注力，並不是精細動作或運筆能力。

此外，進行「圈叉找一找」，還需要孩子對於「多步驟指令」的理解能力，如果一開始告訴孩子單元的遊戲題目後，孩子無法依照題目進行，除了鼓勵外，更要考慮孩子對於題目的了解程度，此時不妨先從部分的指令開始，例如，先在三角形中找出六邊形，接著把這些六邊形打「叉叉」，接著找出外面的正方形，然後圈起來。當孩子專注力及理解力都提高了，就可以試著一次給予多步驟的指令讓孩子進行遊戲。

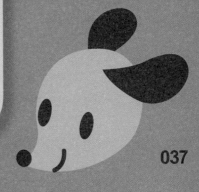

遊戲難度：★

圈叉找一找

01

長方形裡只要放愛心不要放星星。請幫忙把長方形外面的愛心圈起來，長方形裡面的星星打叉叉。

遊戲難度：★

老師說紙張裡只要寫Ａ不寫ㄅ。把紙張外面的Ａ圈起來，紙張裡面的ㄅ打叉叉。

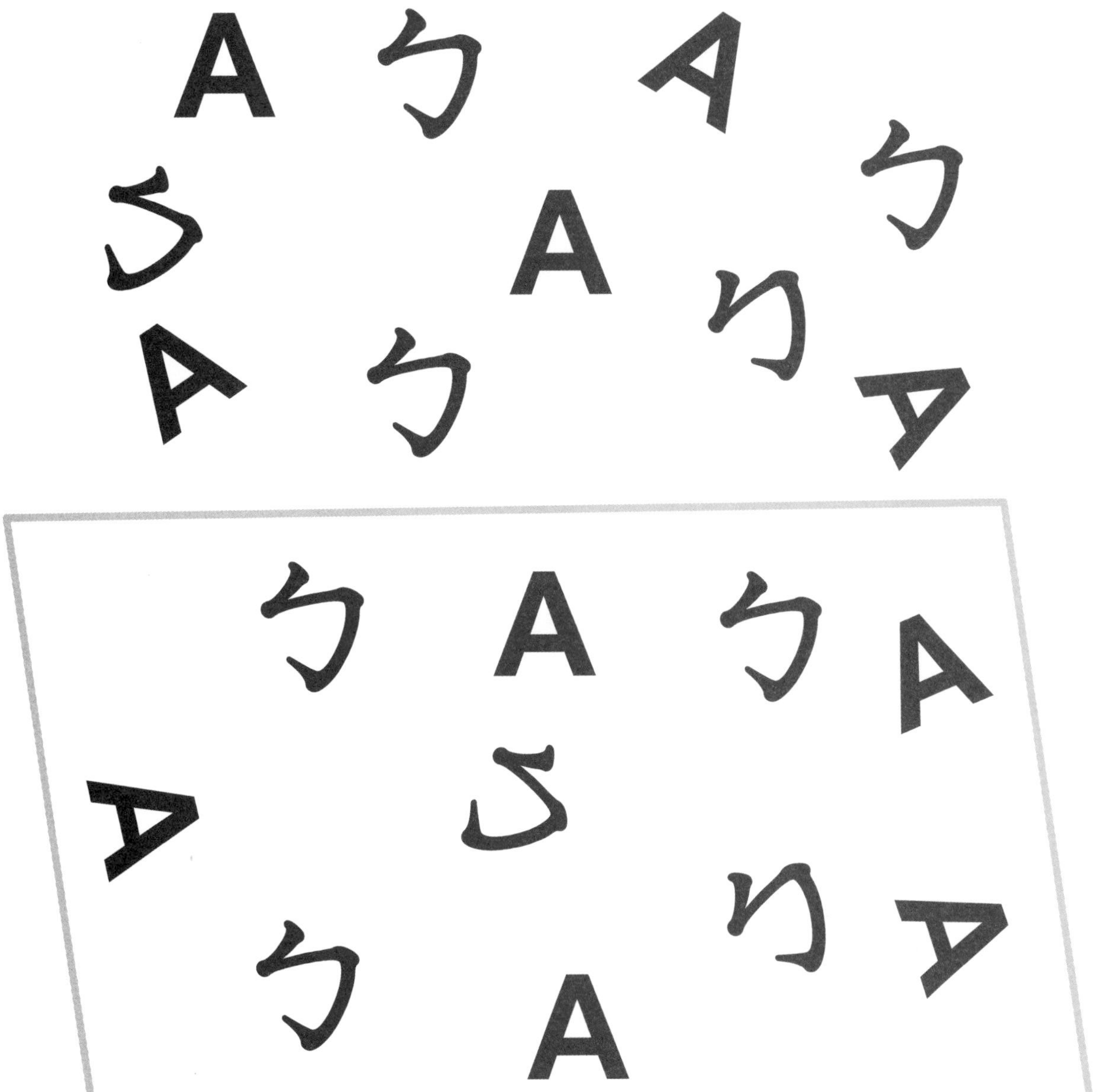

遊戲小幫忙

對孩子來說，不論ＡＢＣ或ㄅㄆㄇ，都還是圖案，因此玩的時候，不必讓孩子鑽研於「文字」，而是把它當成圖案，根據題目進行遊戲即可，如此有助於孩子學習文字的興趣。

遊戲難度：★

圈叉找一找 03

袋子破了！請幫忙讓袋子只裝正方形。把袋子外面的正方形圈起來，袋子裡面的圓形打叉叉。

當孩子無法分辨如正方形或圓形等圖形時，除了平時多給予訓練，也可以用「這裡」、「那裡」來代替，如「把這裡的刀子圈起來」，以避免孩子因為不認識圖形而被誤認為「不專心」。

遊戲難度：★

請幫忙把刀子和叉子分類放好。刀子在正方形裡請畫圈，在圓形裡請畫叉叉。

遊戲難度：★★

請幫忙把玩具小象放在矮的杯子裡，長頸鹿放在高的杯子裡。
玩具小象在矮的杯子裡請畫圈，在高的杯子裡請畫叉叉。

遊戲小幫忙

當孩子正在「專心」尋找答案時，請不要催促孩子，「快一點！看看旁邊！」作答速度快慢並不代表專注力的表現，反而是持續在同一題上認真作答，才表示專注力持續度正在提升。

小豬們要坐貨車出去玩，小老鼠不能去。請幫忙把貨車外面的小豬圈起來，貨車裡面的小老鼠打叉叉。

遊戲難度：★★

姐姐的魚缸太小了，只能養小魚。

請幫忙把魚缸外面的小魚圈起來，魚缸裡面的大魚打叉叉。

遊戲難度：★★

媽媽要把褲子收進箱子裡。請幫忙把箱子外面的褲子圈起來，箱子裡面的衣服打叉叉。

遊戲小幫忙

同樣的單元，只要改變題目，將尋找的區域掉換，或是把打叉改成打勾，下次就可以變成另一題訓練孩子專注力的遊戲囉！

圈叉找一找 09

遊戲難度：★★

爸爸要買帽子。請幫忙把籃子外面的帽子圈起來，籃子裡面的襪子打叉叉。

遊戲小幫忙

請先確認孩子是否認識題目中要尋找的物品，如果不認識，不妨先以實際物品讓孩子熟悉，之後再回到題目中。確認孩子了解題目後再進行遊戲，才不會誤判孩子的專注力表現。

遊戲難度：★★

柵欄破了！狐狸趁機要抓小羊，請幫忙趕走狐狸讓小羊回柵欄裡。

柵欄外面的小羊請圈起來，柵欄裡面的狐狸打叉叉。

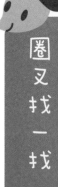

圈叉找一找 11

遊戲難度：★★★

蛋糕專賣店不賣飲料。請幫忙把店鋪外面的蛋糕圈起來，店鋪裡面的飲料打叉叉。

遊戲小幫忙

利用相同的物品將題目「實際化」，如紅色積木代表蛋糕、彈珠代表飲料，之後再回到圖案題目中，不僅讓孩子更容易專心，更可訓練孩子對於空間的觀察能力。

遊戲難度：★★★

圈叉找一找 12

貓咪跑進老鼠家，老鼠好害怕！請幫忙把貓咪趕出去。把洞外的老鼠圈起來，洞裡的貓咪打叉叉。

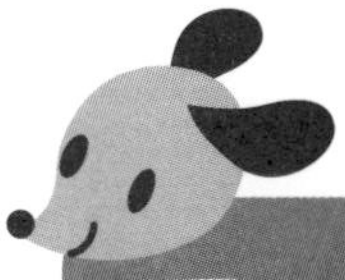
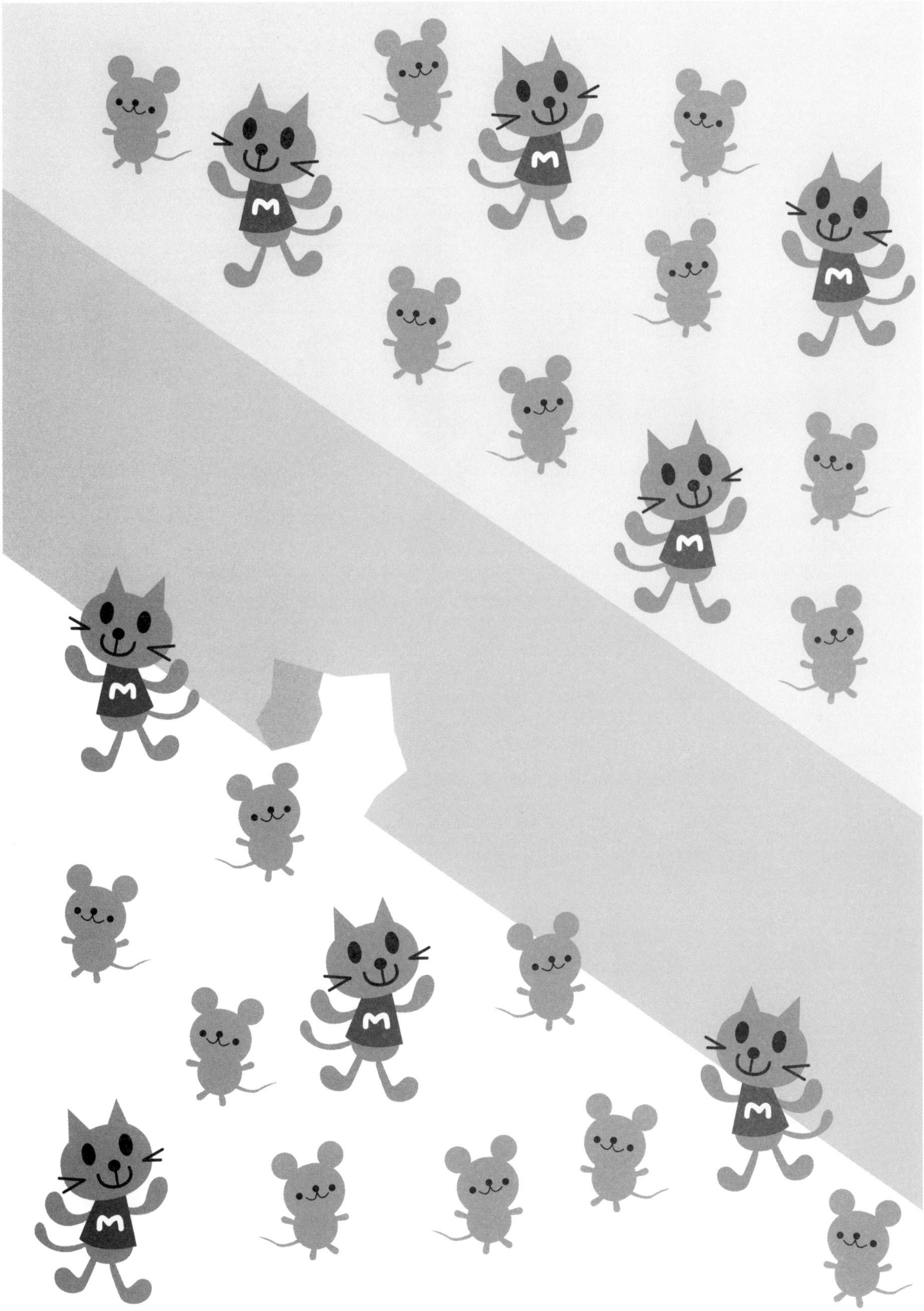

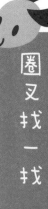

遊戲難度：★★★

圈叉找一找 13

請幫忙聖誕老人把禮物裝進袋子裡。袋子外面的禮物請圈起來，袋子裡面的襪子請打叉叉。

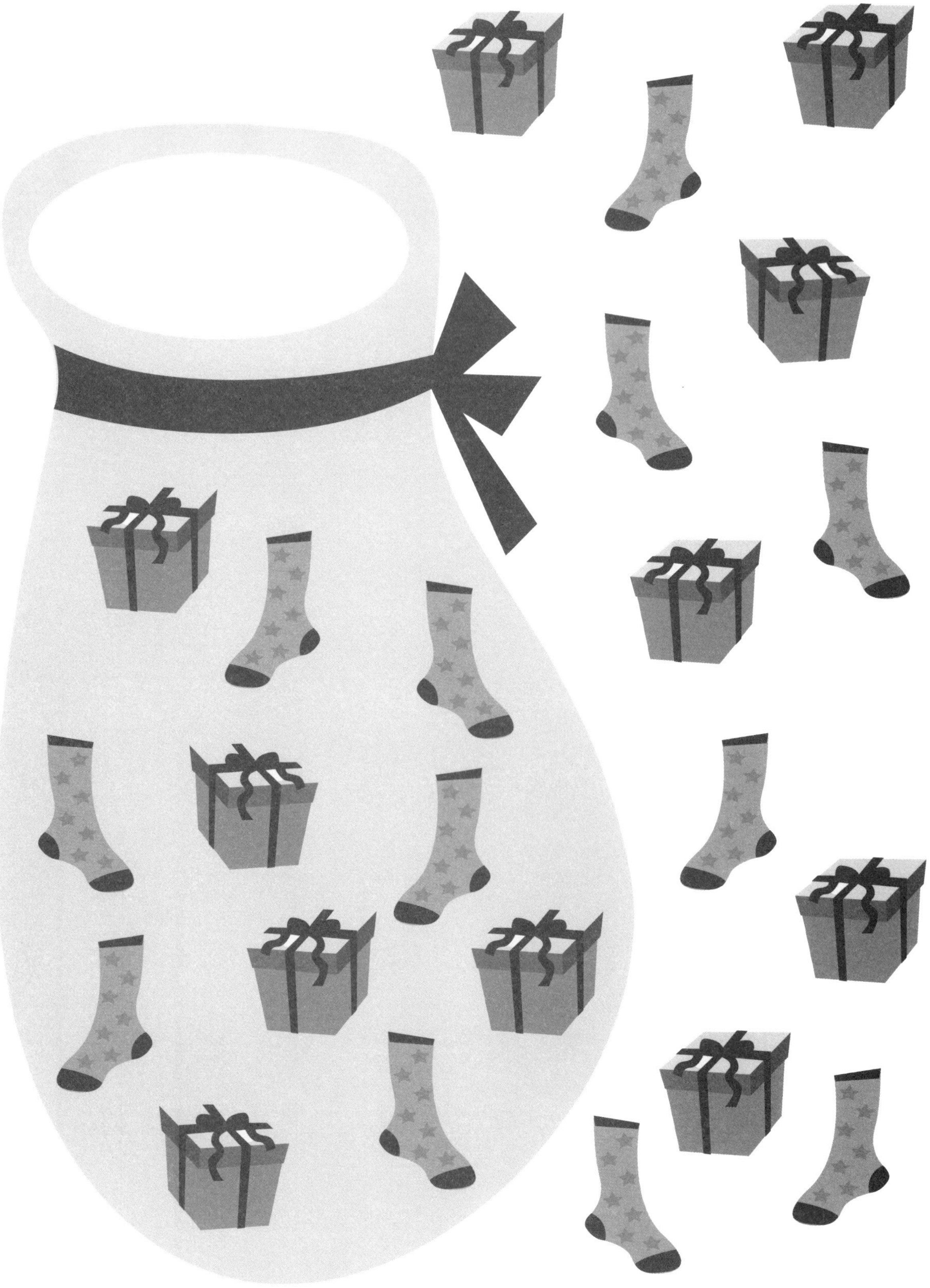

遊戲難度：★★★

圈叉找一找 14

上學要帶鉛筆不能帶玩具小車。請幫忙把書包外面的鉛筆圈起來，書包裡面的玩具小車打叉叉。

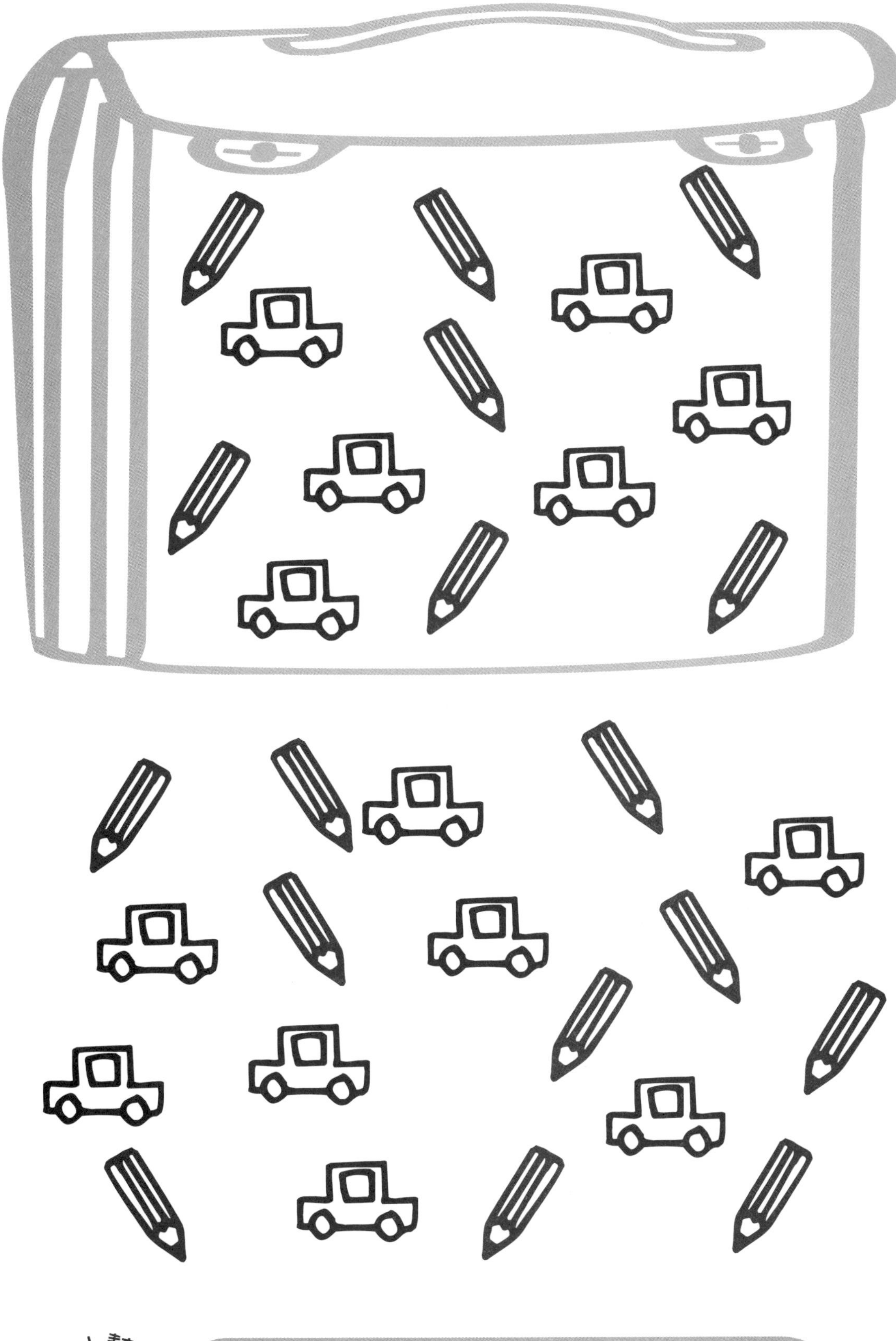

遊戲小幫忙

別急著一題做完就換下一題，在相同的遊戲中，可以繼續進行進階遊戲，如把剛剛不在題目上的物品找出來打勾，或是把某一區域的某一物品著上某一顏色都很有趣喔！

遊戲難度：★★★

圈叉找一找

15

冰淇淋專賣店不賣果汁。請幫忙把店鋪外面的冰淇淋圈起來，店鋪裡面的果汁打叉叉。

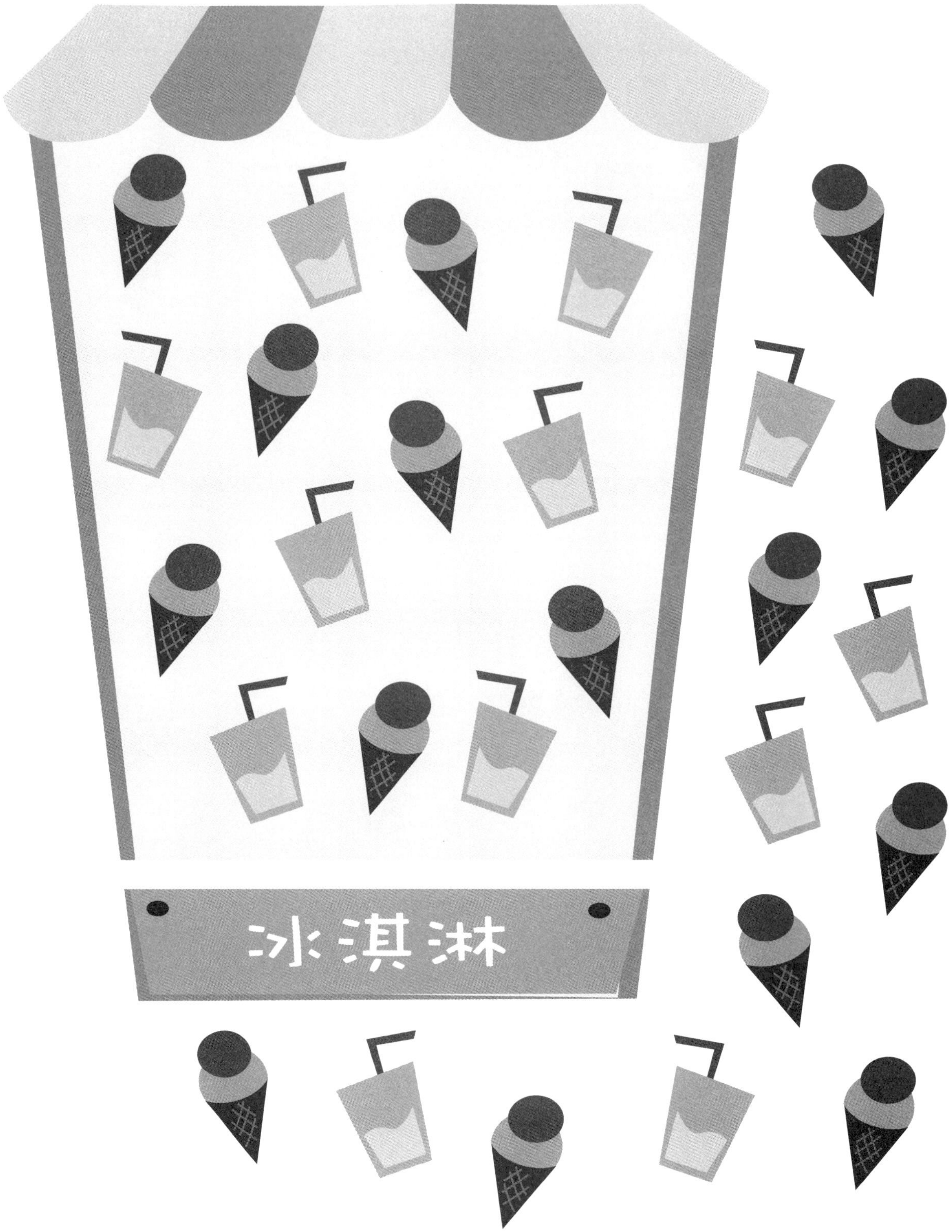

遊戲難度：★★★

圈叉找一找

16

請幫忙把球球分類放好。足球在正方形裡請畫圈，圓形裡的足球請畫叉叉。

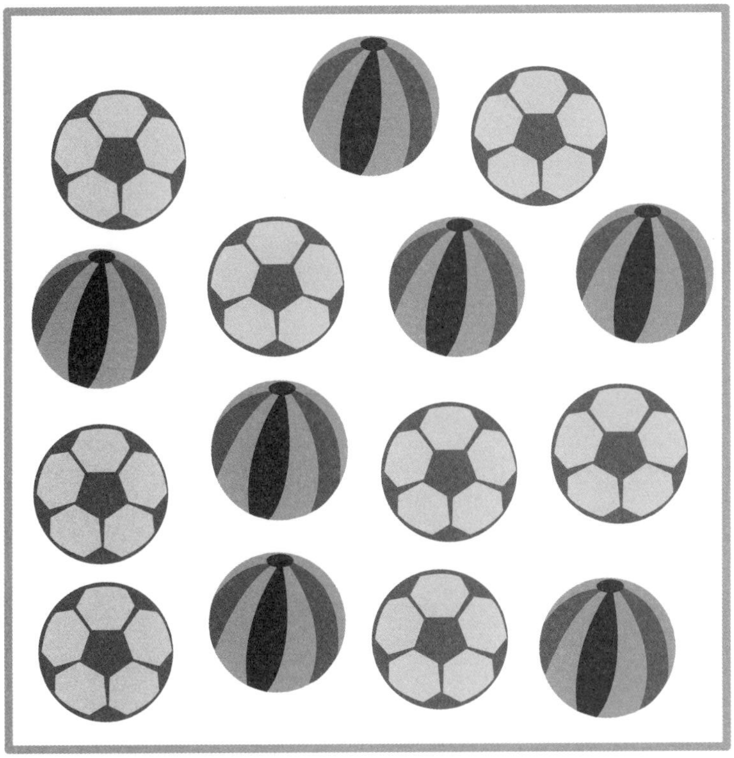

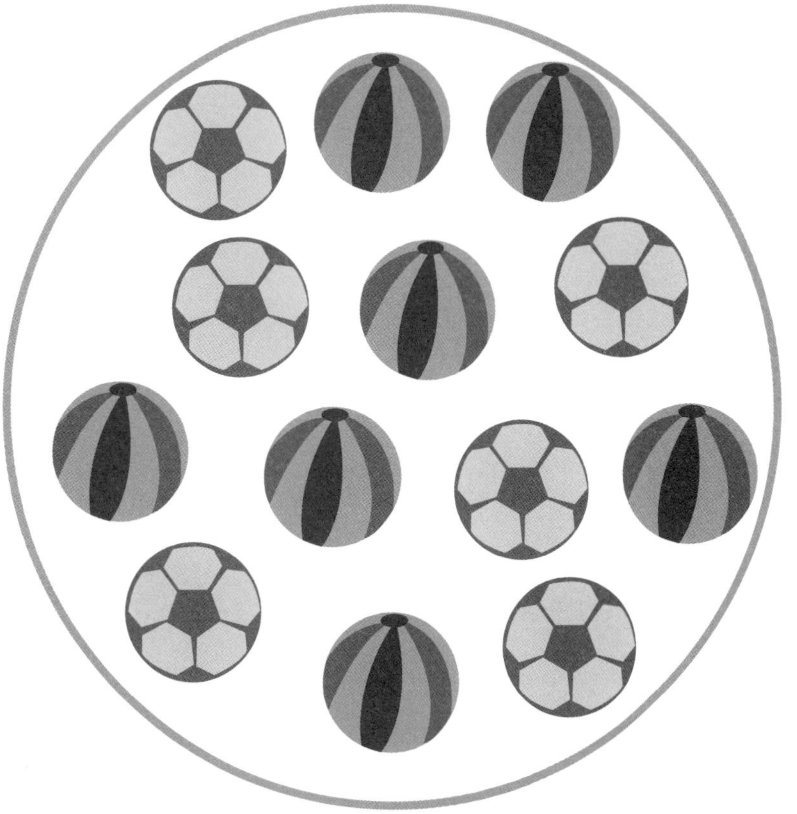

遊戲小幫忙

遇到類似的物品不好區分時，可以先帶孩子認識每個圖案的特徵，並且先以口頭表達的方式，依序指出每個物品要做的動作，如打圈、打勾、不理會等，之後再請孩子使用筆畫上去。

遊戲難度：★★★★

媽媽要買一籃蘋果。請幫忙把籃子外面的蘋果圈起來，籃子裡面的櫻桃打叉叉。

遊戲難度：★★★★

裝銅板的袋子破了，請幫忙把五十元裝進袋子裡。把袋子外面的五十元圈起來，袋子裡面的十元打叉叉。

遊戲小幫忙

別急著讓孩子認識數字「50」和「10」，這會讓孩子備感壓力，這兩個數字的差別只在「5」跟「1」，因此利用孩子初學數字時的「勾勾5」和「鉛筆1」就可以簡化題目囉！

遊戲難度：★★★★

圈叉找一找 19

幫忙把衣服分類放進箱子裡。箱子外面衣服有圓形請圈起來，箱子裡面衣服有方形請打叉叉。

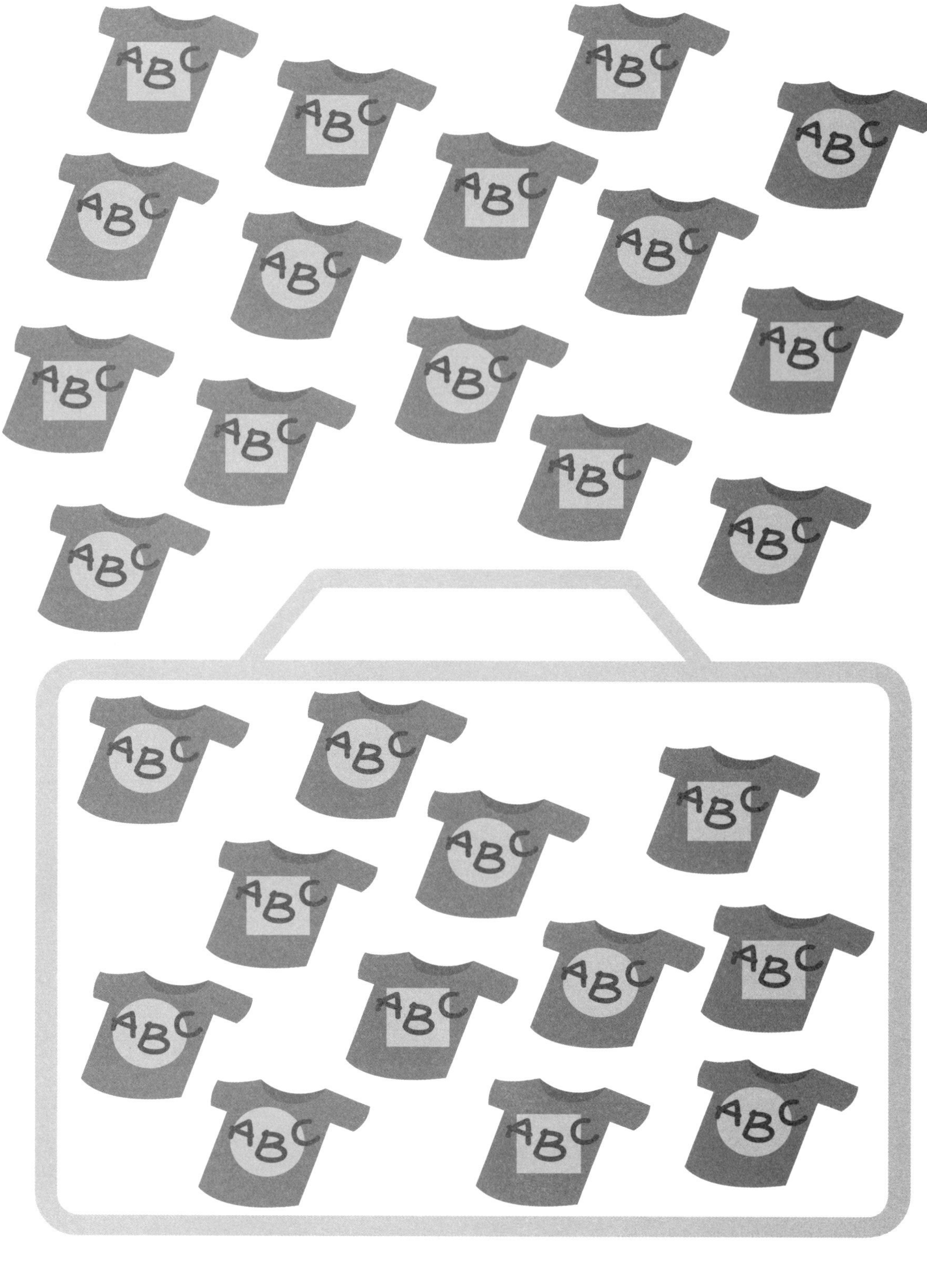

遊戲小幫忙

當孩子尋找答案反應變慢時，不妨讓孩子好好休息 3 分鐘，看看遠方讓眼球休息，接著再回來尋找答案時，會表現得更好。

遊戲難度：★★★★

圈叉找一找

20

小貓咪要載送五瓣花去花店。請幫忙把貨車外面的五瓣花圈起來，貨車裡面的八瓣花打叉叉。

遊戲難度：★★★★

圈叉找一找

21

柵欄破了！請幫忙把小雞抓回來。把柵欄外面的小雞圈起來，柵欄裡面的小鳥打叉叉。

遊戲難度：★★★★★

圈叉找一找 22

正方形裡的五十元請畫圈，三角形裡的十元請打勾，圓圈裡的五十元和十元請畫叉。

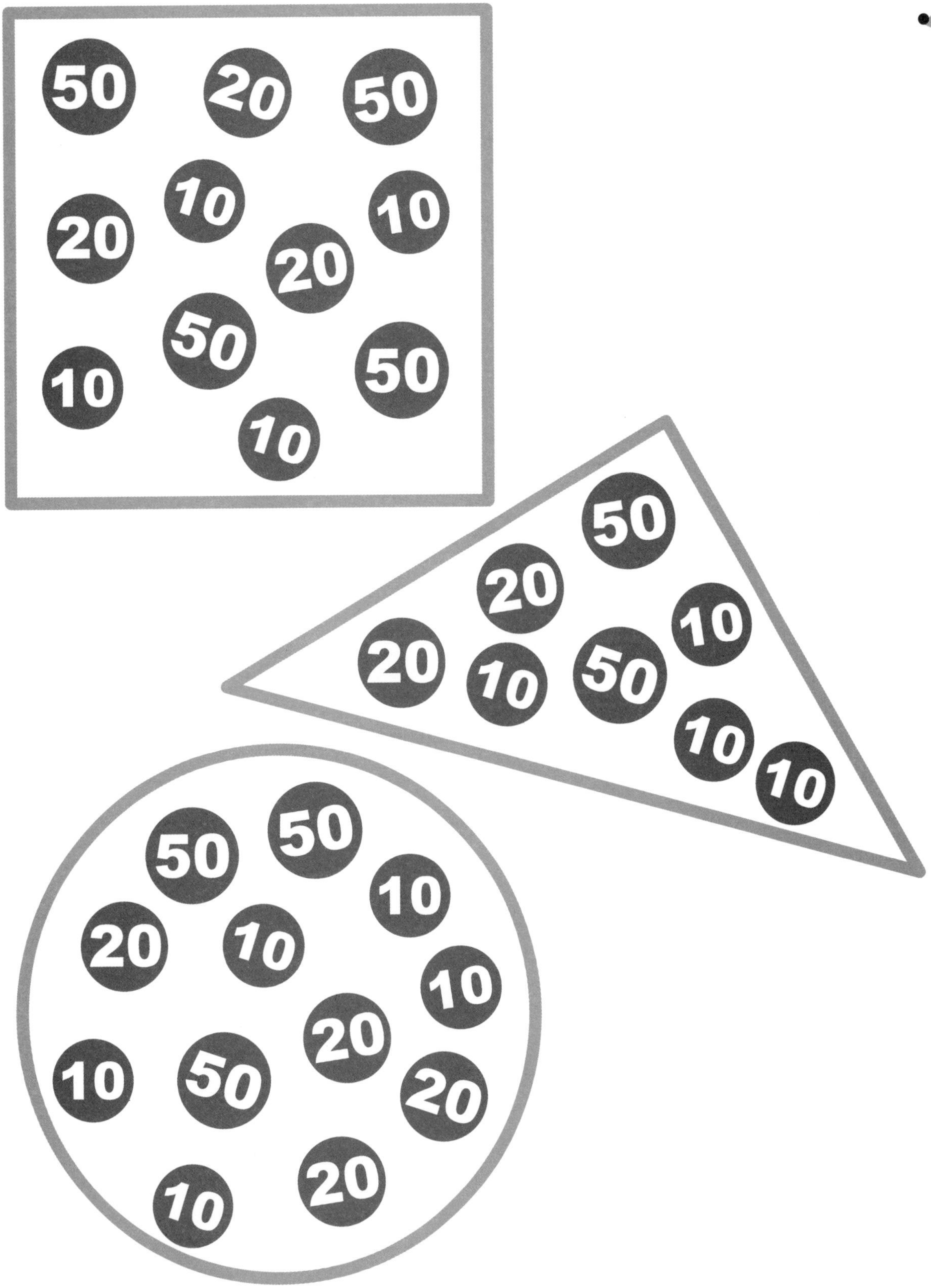

遊戲小幫忙

當要尋找的範圍擴大、數量增加時，孩子會感到不知所措，此時可以協助孩子一個地方、一個地方找起，以避免孩子胡亂找而分心或無法好好作答案！

圈叉找一找

23

遊戲難度：★★★★★

三角形裡的五角星請畫圈，正方形裡的六角星請打勾，圓圈裡的五角星和六角星請畫叉。

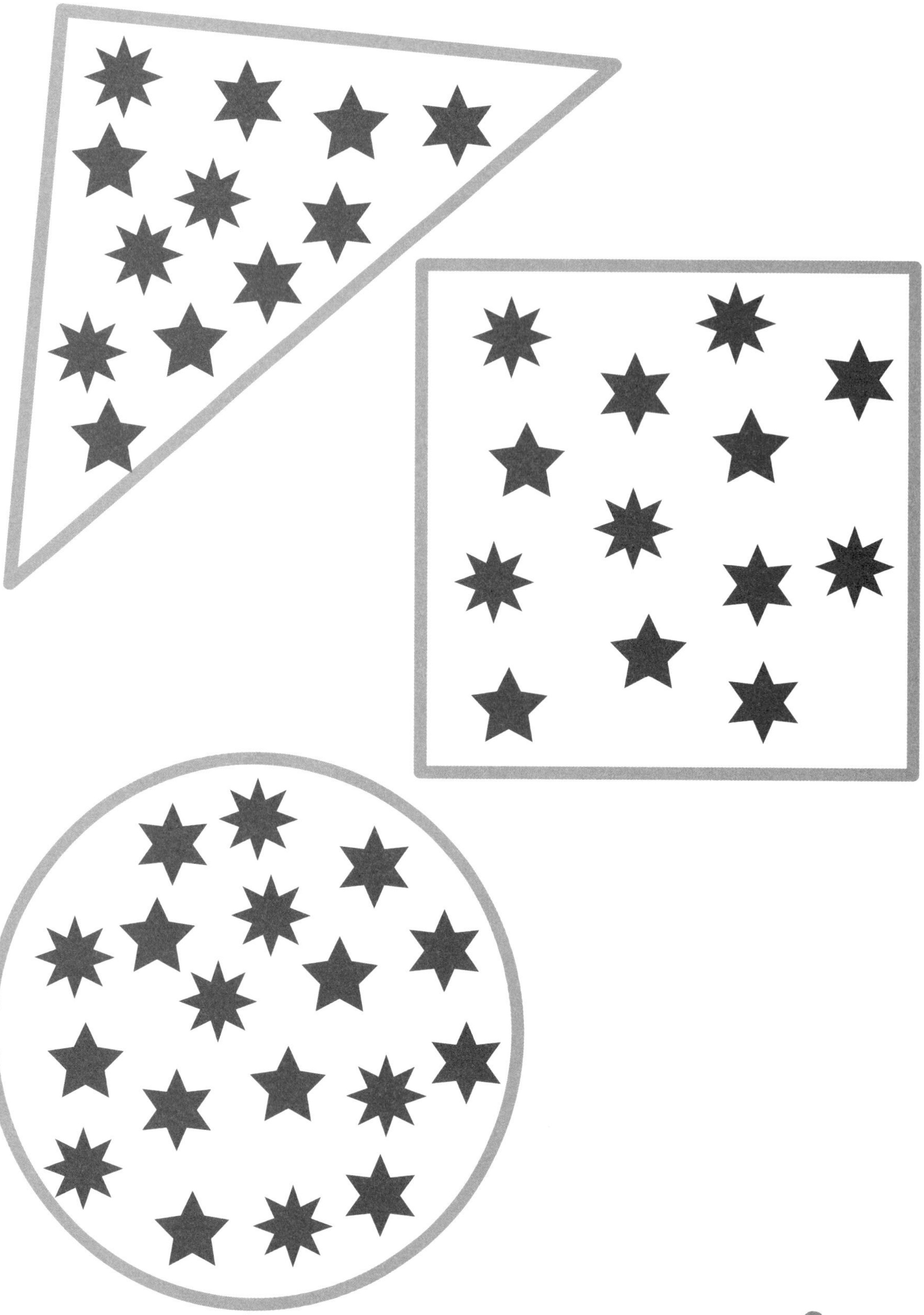

遊戲延伸

利用 2 至 3 種卡通連續圖章，請孩子在紙上蓋上圖案，由爸媽任意圈起一個範圍，告訴孩子在範圍中，將某一種圖案打圈，另外一個圖案打叉，讓孩子參與遊戲的製作。

遊戲難度：★★★★★

請幫忙袋子裝蘋果、籃子裝柳丁。（外面的蘋果和柳丁畫圈圈、籃子裡的蘋果和橘子打叉叉、袋子裡的柳丁和橘子打叉叉。）

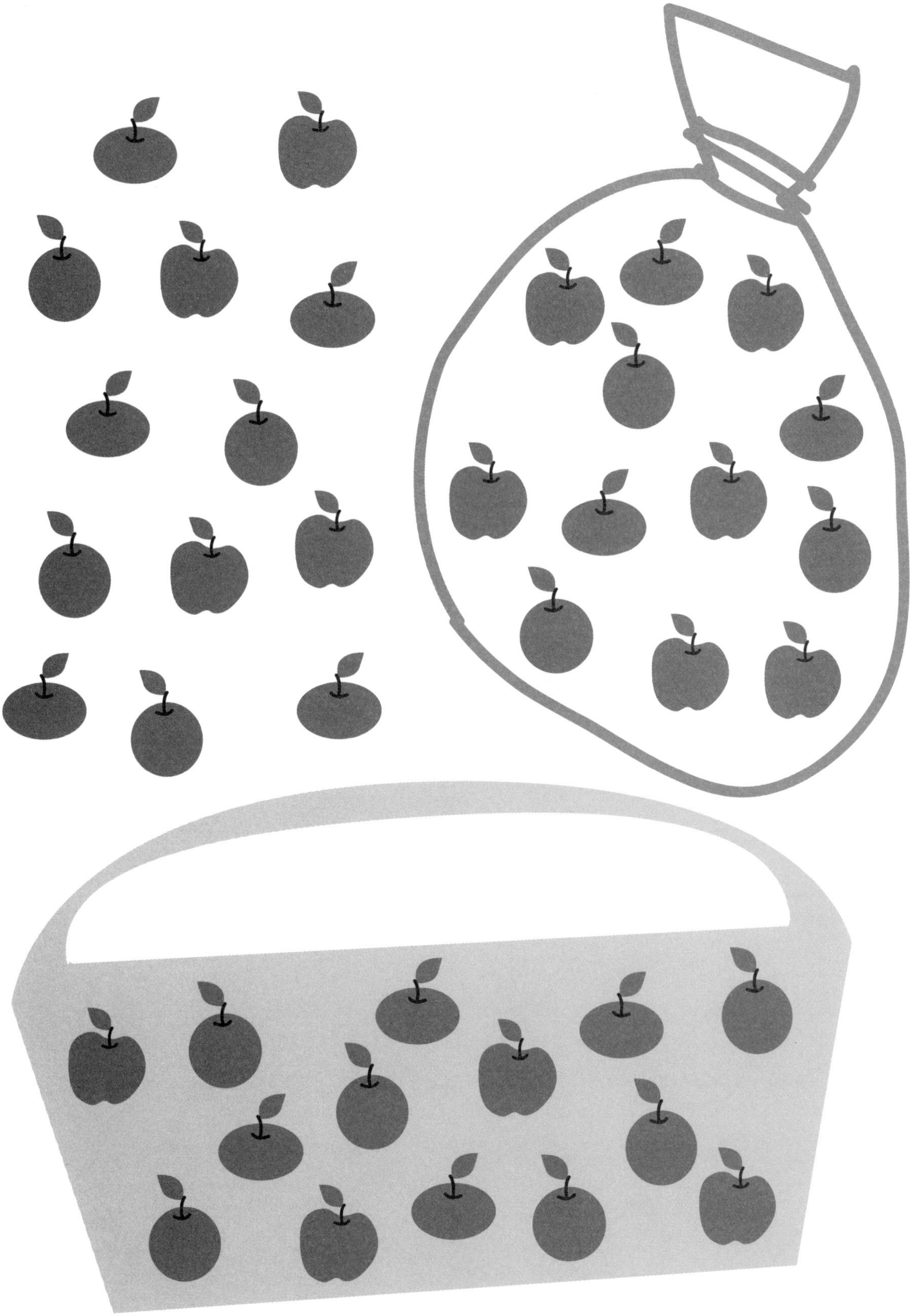

遊戲難度：★★★★★

圈叉找一找 25

柵欄破了！可以幫忙牧場主人分類嗎？把柵欄上面小鳥圈起來，柵欄中間小雞圈起來，柵欄下面的小鳥和小雞打叉叉。

Part 3

圖案配對

寫給家長的話

可以玩出什麼能力？

「圖案配對」是訓練孩子「見微知著」的能力，學齡前的孩子對凡事充滿好奇，但缺少了對細節仔細觀察的技巧，因此當被問到小地方的時候，就無法正確回答或反應，因此被誤認爲「不專心」！這是因爲孩子只看到了「大範圍」，忽略了「小細節」。

學齡前孩子平時喜歡拆卸玩具，但卻時常無法把玩具組裝回原貌，當然，這是因爲能力發展還沒有到的關係，但是如果孩子的配對能力受過訓練，可能很容易就可以找到各個零件之間的相對關係，使將來在學習上有「舉一反三」的能力。

小朋友應該怎麼玩？

「圖案配對」是將一個完整的圖案一分爲多，讓孩子試著將這些圖案找回來，與拼圖不同的是，「圖案配對」必須讓孩子仔細觀察，並在大腦內「組裝」圖形、找出答案，少了拼圖的手部操作動作，孩子反而不會因雙手的操作而轉移了注意力，更專心於視覺專注力上。

遊戲進行時，並不是找出答案就代表孩子很專心，有時只要告訴孩子，題目的圖案，可以由哪些圖案組成？有幾種組合？此時您只需仔細觀察孩子每一次在尋找答案時的表現，就可以看到孩子的進步。一開始請不要告訴孩子解題技巧，讓孩子自行觀察、探索，如此才會找出遊戲的訣竅，以獲得不同的樂趣，並提高孩子的學習動機。

遊戲難度：★★

圖案配對 01

請把可以拼成圓形的圖案配對找出來。

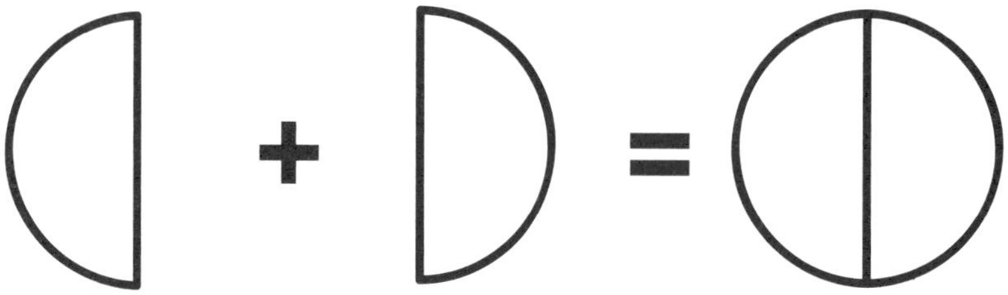

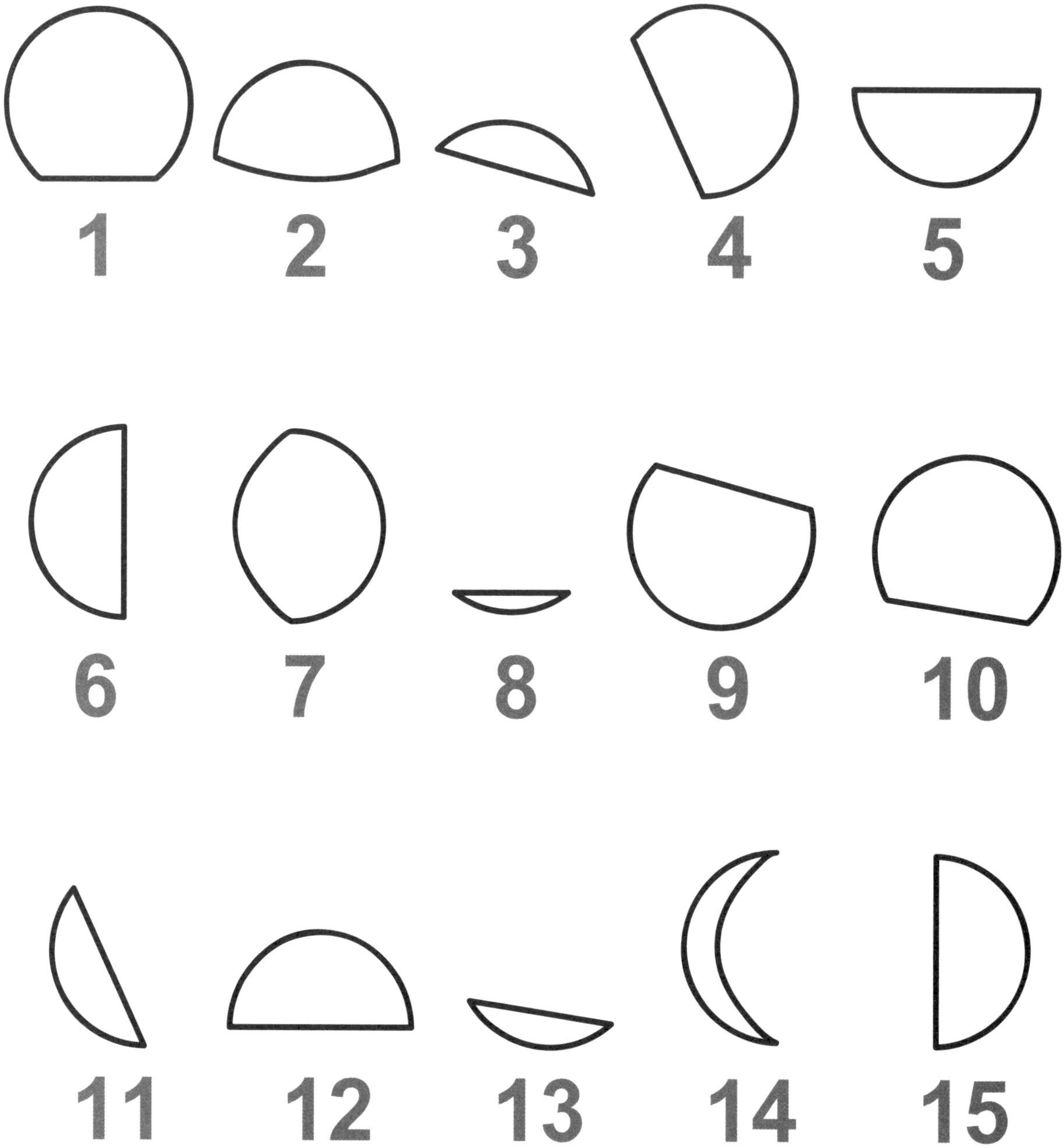

遊戲難度：★★

請把可以拼成正方形的圖案配對找出來。

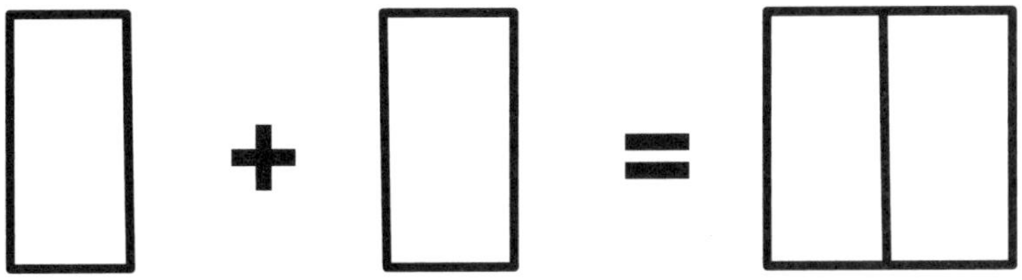

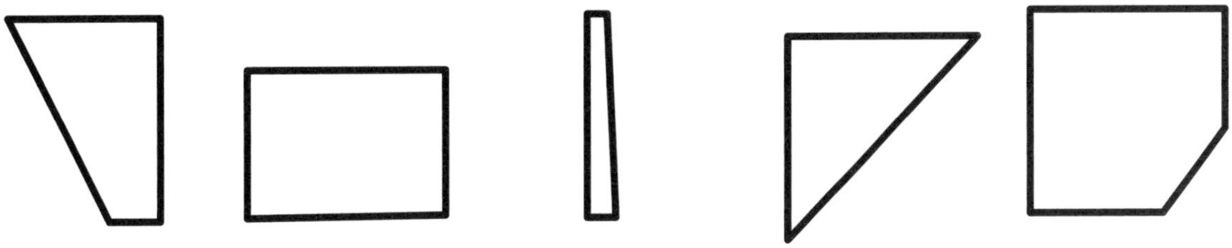

1 2 3 4 5

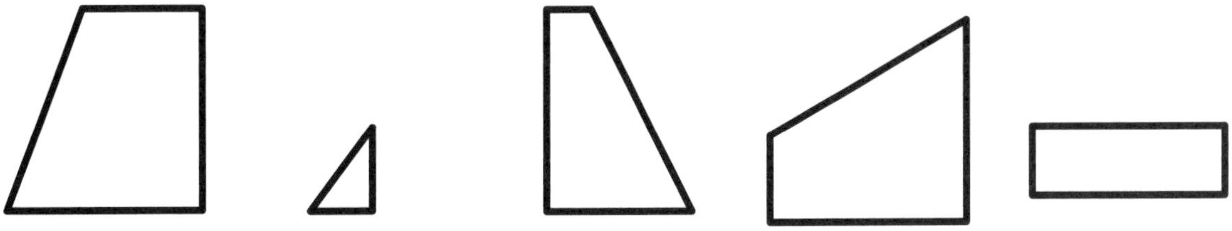

6 7 8 9 10

11 12 13 14 15

遊戲小幫忙

看圖形很累嗎？告訴孩子，這一塊蛋糕，被切成兩半了，你可以找出是哪兩半嗎？藉由實際物體的類化，提高孩子參與遊戲的動機，並將這樣的能力帶入日常生活中！

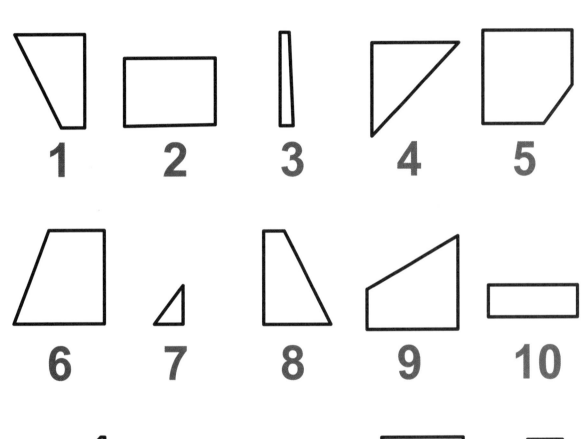

圖案配對 03

遊戲難度：★★

請把可以拼成三角形的圖案配對找出來。

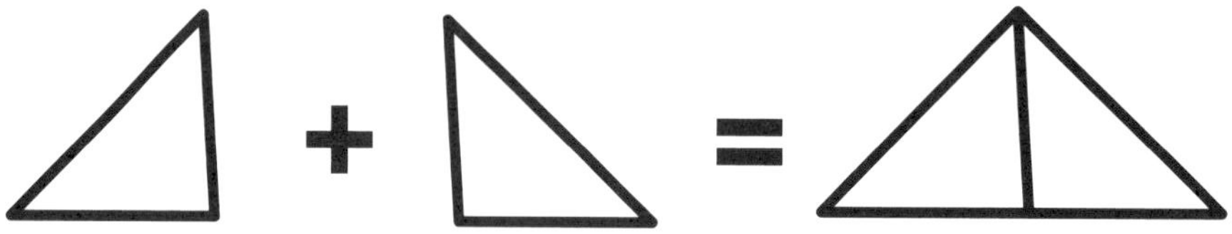

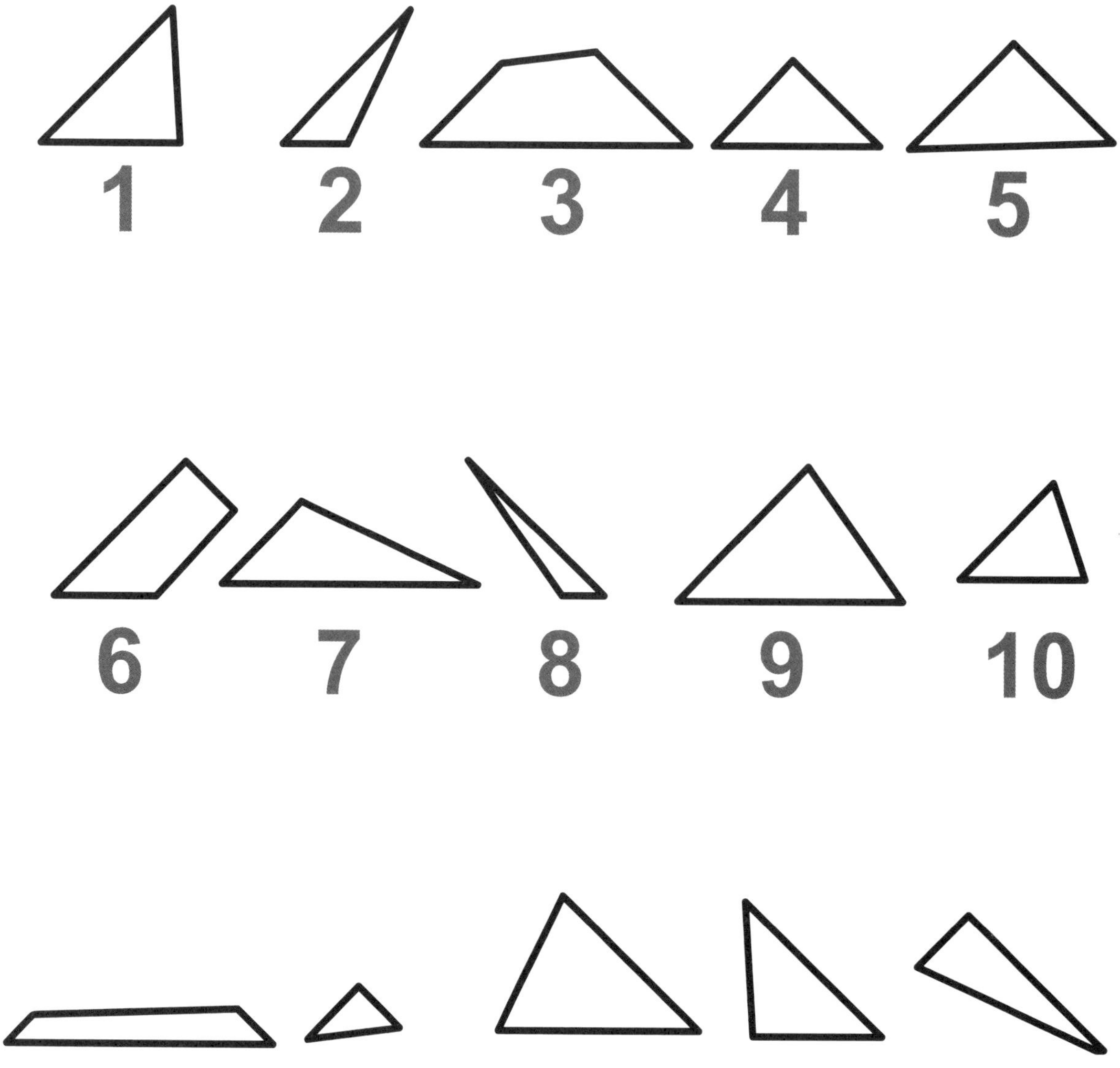

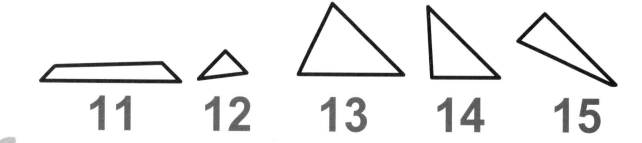

遊戲難度：★★

請把可以拼成方形的圖案配對找出來。

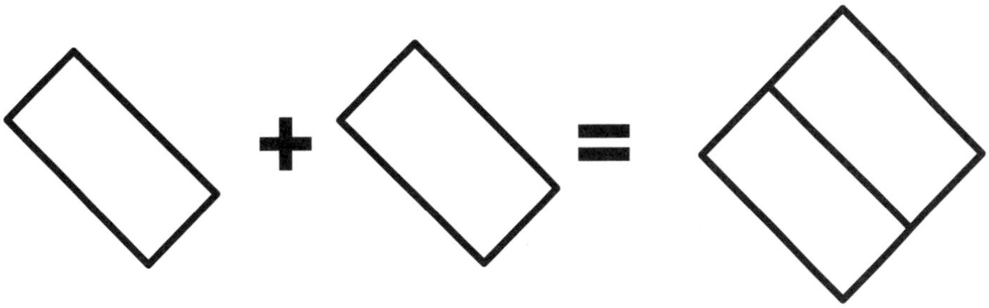

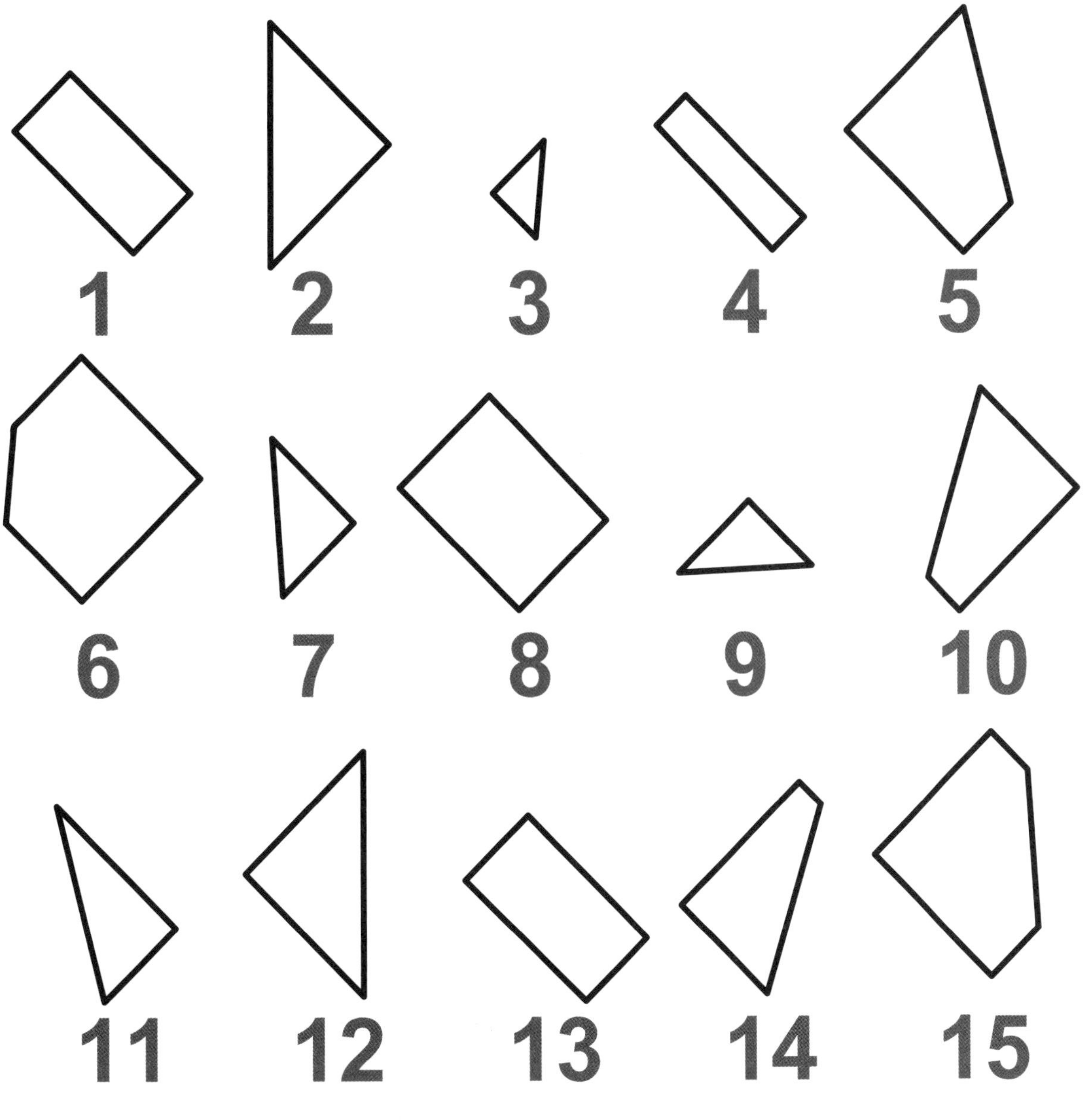

當孩子無法體會圖案是如何組裝成時，您可以在紙上畫上出相同的圖案，並且剪下來，讓孩子實際操作。雖然這不是很好的方法，但卻是帶孩子進入遊戲的第一步。

遊戲難度：★★★

請把可以拼成六邊形的圖案配對找出來。

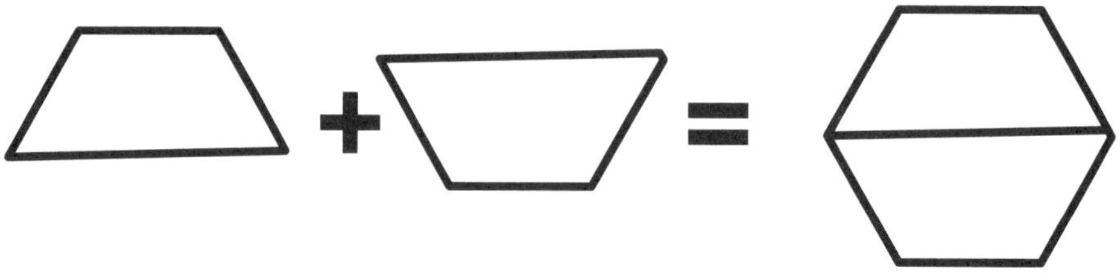

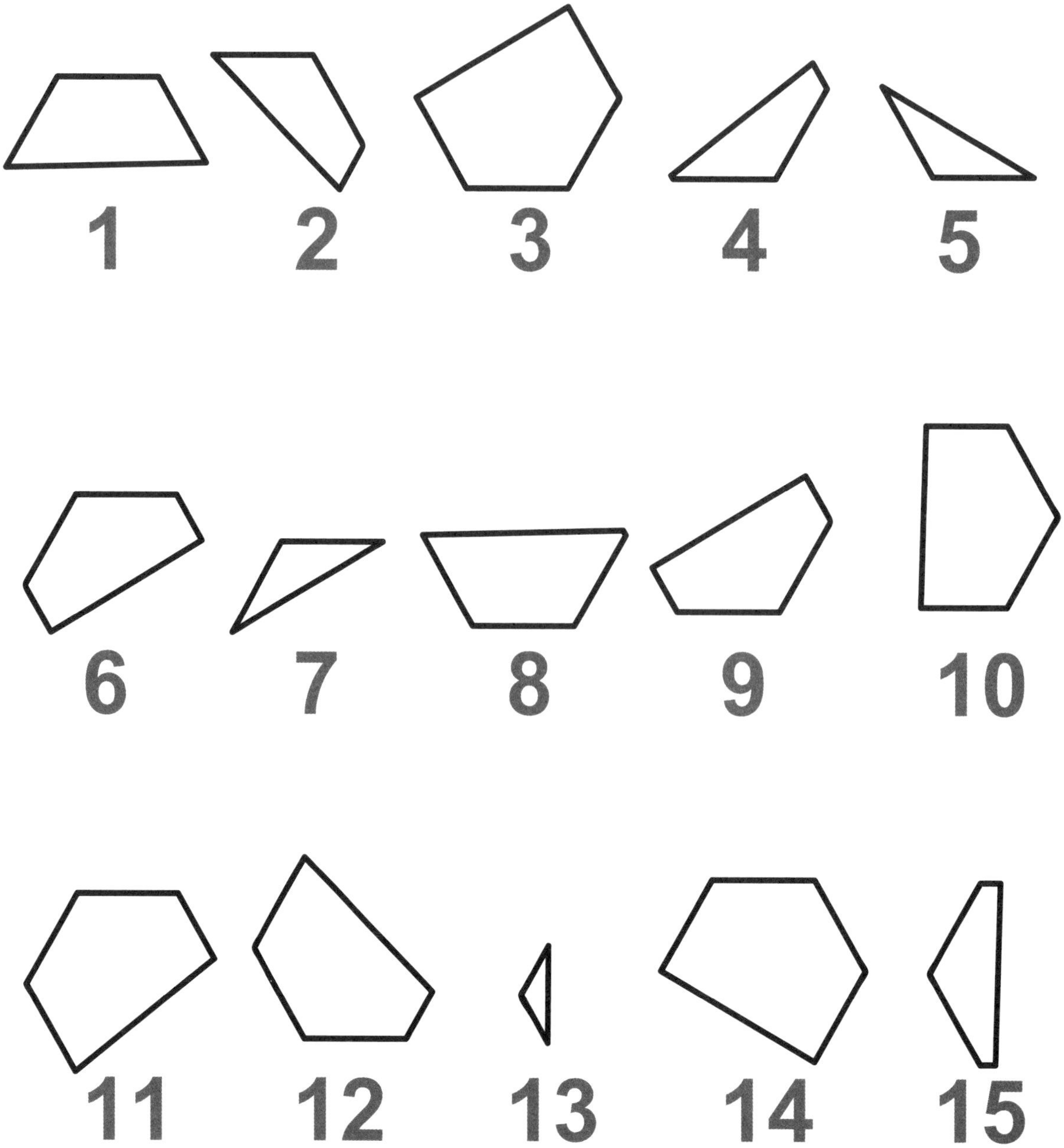

遊戲難度：★★★

圖案配對 06

請找一找上圖人臉裡各個五官形狀所代表的號碼。

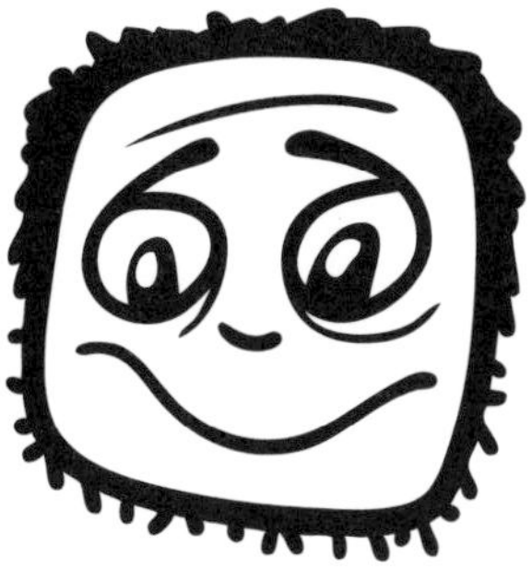

= 2 + 9 + ___ + ___ + ___

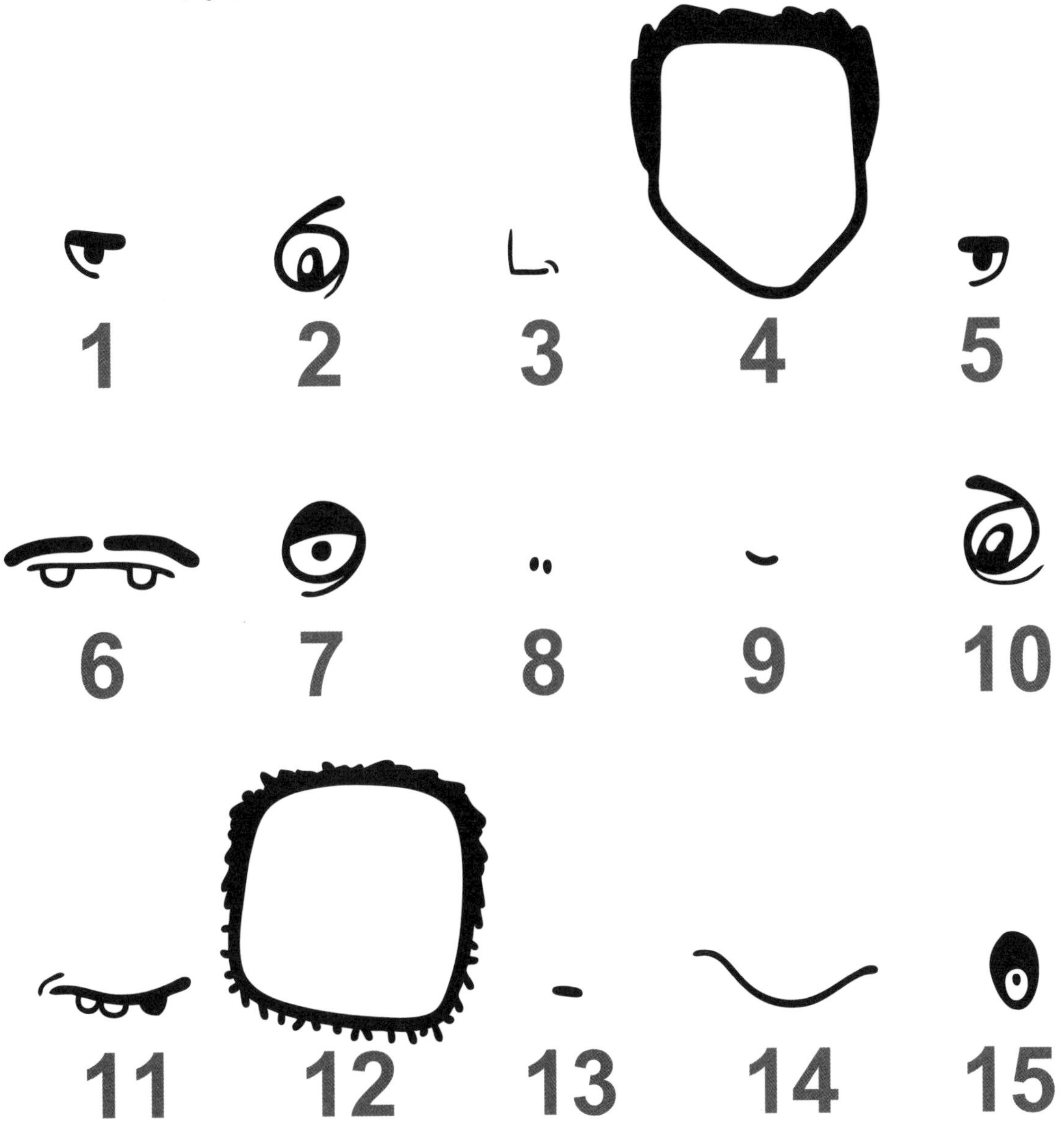

孩子為什麼每次看到人都不會打招呼？除了害羞，大部分是因為孩子無法將每個人的五官看仔細，因此無法辨別那是誰？在遊戲的過程中，可以讓孩子知道人的臉上有哪些特徵，以增進孩子的人際互動！

遊戲難度：★★★

圖案配對 07

請找一找上圖人臉裡各個五官形狀所代表的號碼。

= ____ + ____ + ____ + ____ + ____

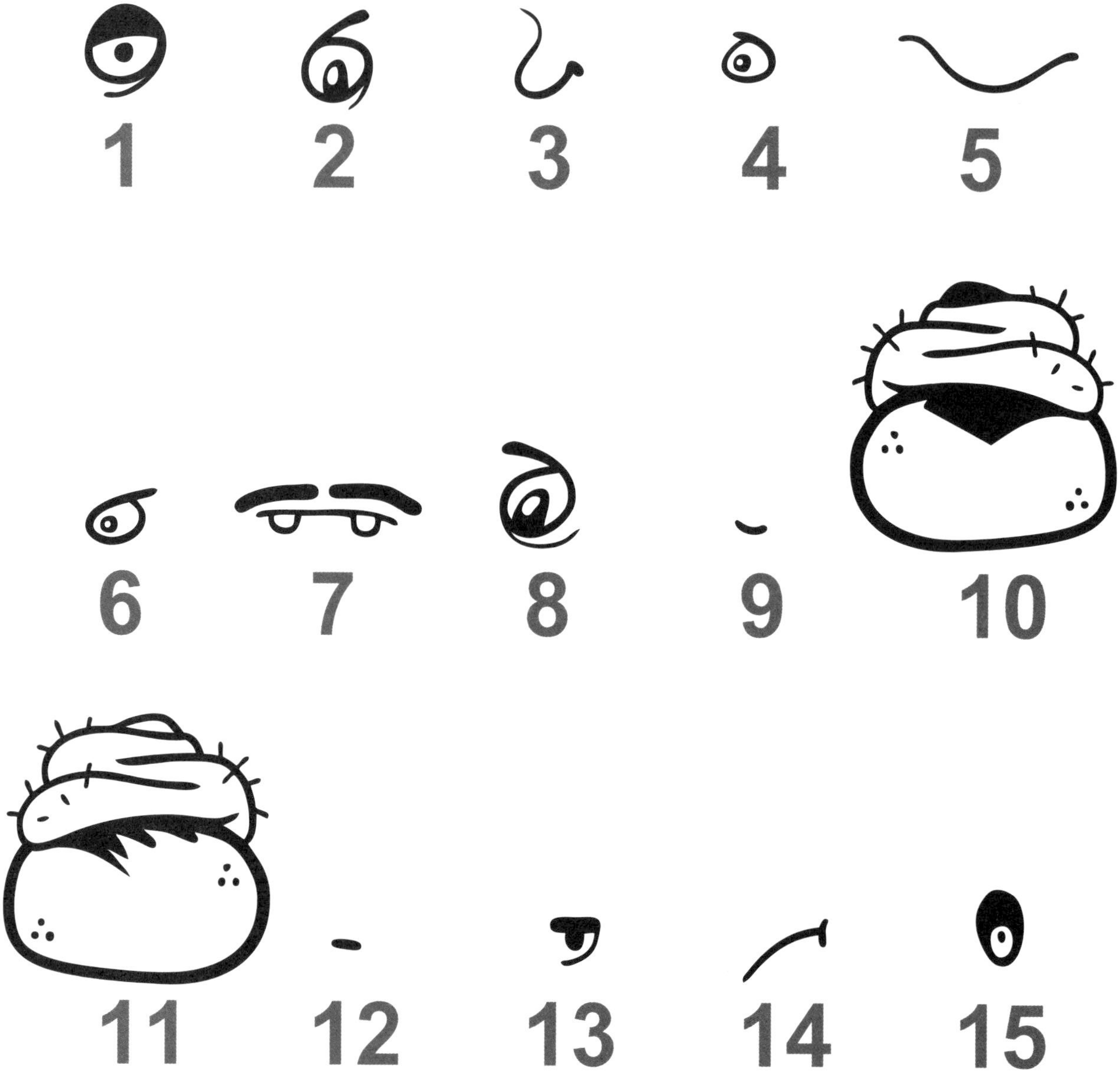

遊戲難度：★★★

請找一找上圖人臉裡各個五官形狀所代表的號碼。

= ___ + ___ + ___ + ___

人的臉由不同部位組成，遊戲中除了找出各個部位外，也可以讓孩子將每個部位的代表數字做不同的排列練習，如從大到小、從小到大，在臉上從高到低等。

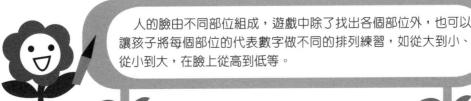

遊戲難度：★★★

圖案配對 09

= ___+___+___+___+___

請找一找上圖人臉裡各個五官形狀所代表的號碼。

遊戲難度：★★★

圖案配對 10

請找一找上圖人臉裡各個五官形狀所代表的號碼。

您可以將這個單元影印下來，另外組成不同的表情與臉型，提供孩子更多的練習；當然也可以讓孩子自行拼出表情，您可以故意找錯表情，讓孩子糾正，以提高孩子的成就感。

遊戲難度：★★★

請找一找上圖人臉裡各個五官形狀所代表的號碼。

= ___ + ___ + ___ + ___

遊戲難度：★★★

圖案配對 12

請找一找上圖人臉裡各個五官形狀所代表的號碼。

= ＿＿ + ＿＿ + ＿＿ + ＿＿ + ＿＿

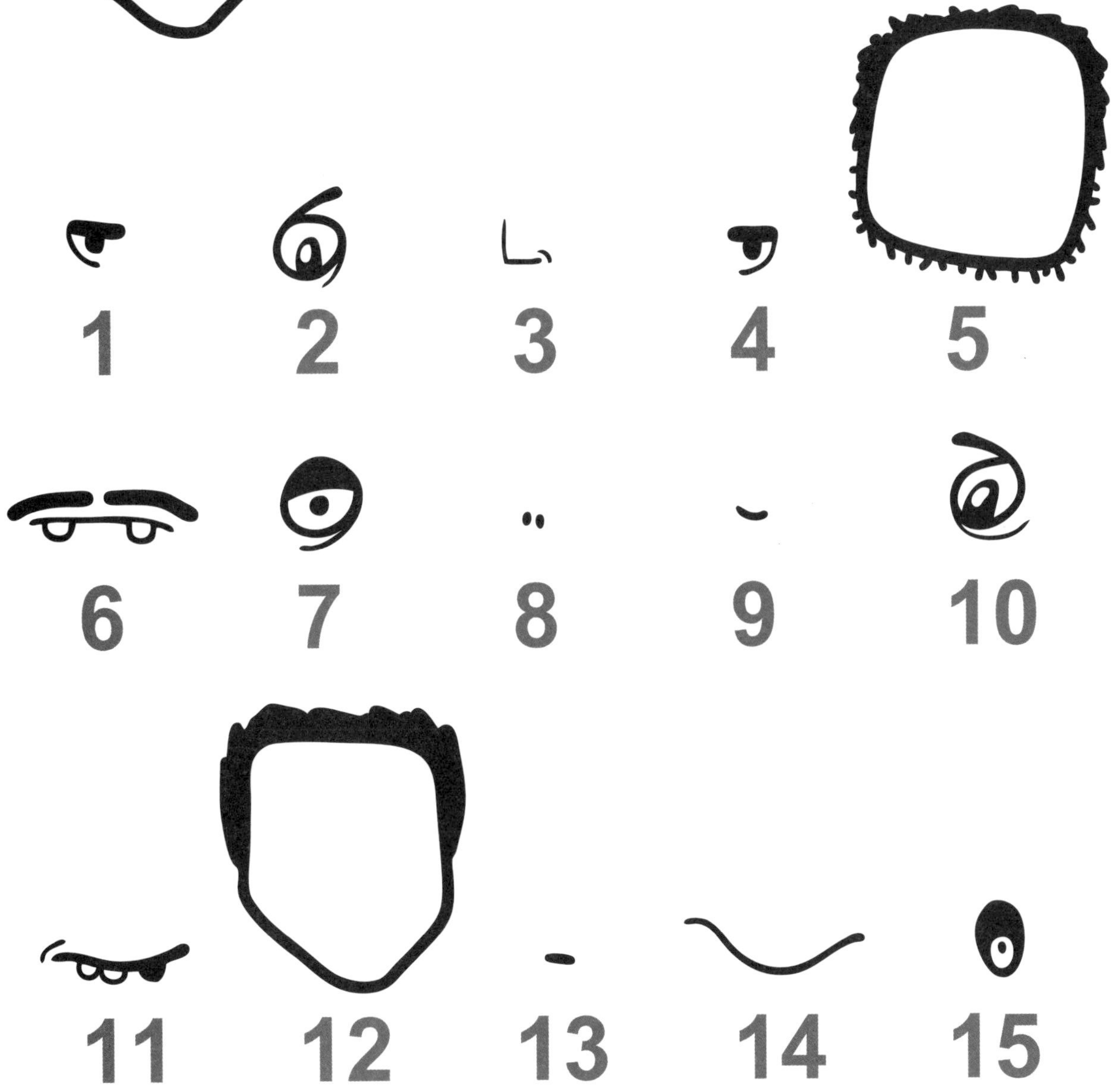

「仔細看！哪裡很像？」不要直接告訴孩子答案，而是提醒方向，先從大範圍提醒，再慢慢地縮小範圍，以免孩子一直等您給他答案，而不願意自己嘗試。

遊戲難度：★★★

請找一找上圖人臉裡各個五官形狀所代表的號碼。

= ___ + ___ + ___ + ___ + ___

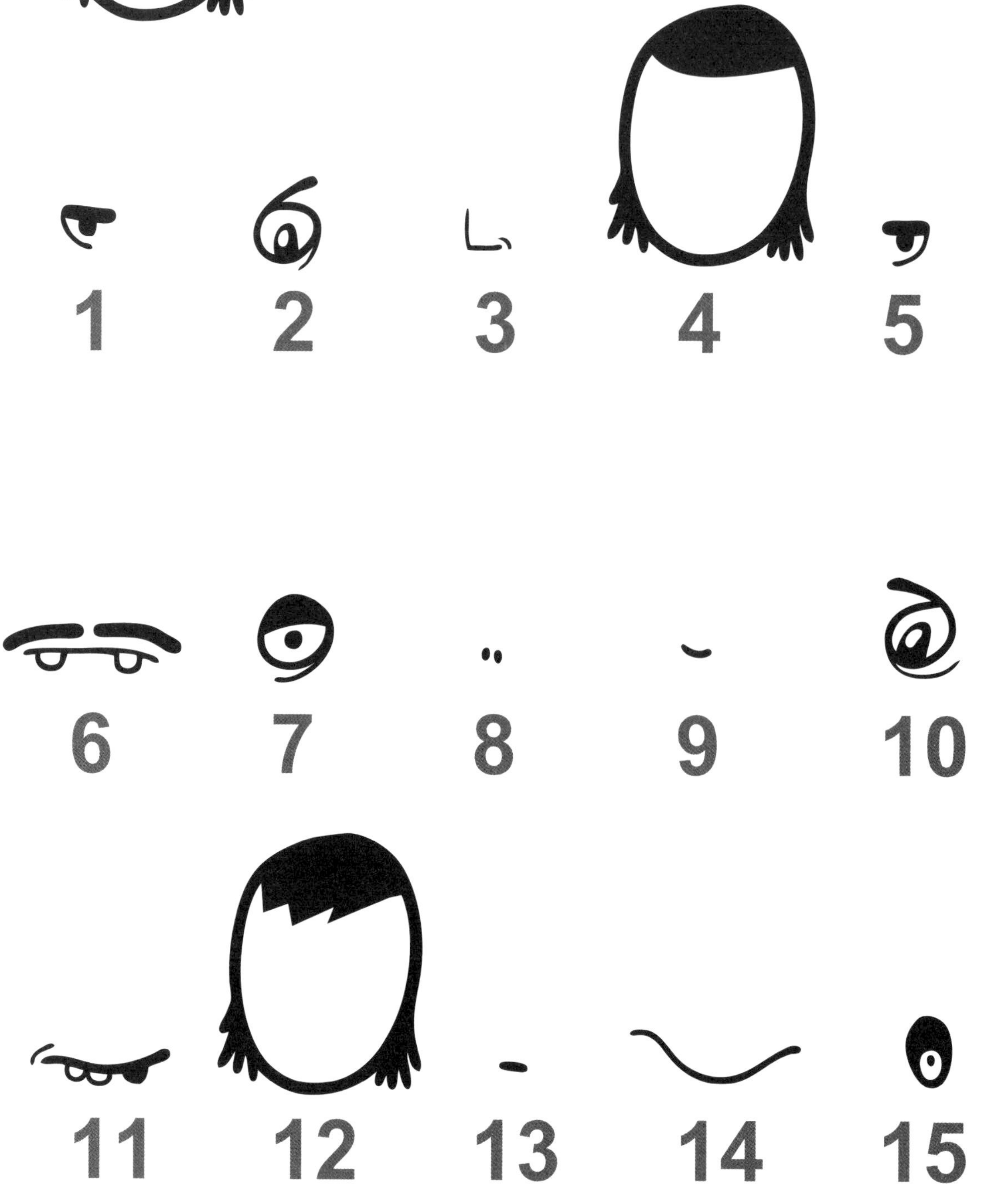

遊戲難度：★★★

請找一找上圖人臉裡各個五官形狀所代表的號碼。

 = ___ + ___ + ___ + ___

當孩子答案錯誤時，不要急著告訴孩子哪裡錯了！只需要輕輕地告訴孩子，「不太對喔！好像哪裡怪怪的？」只要孩子找到了正確答案，就要大力稱讚喔！

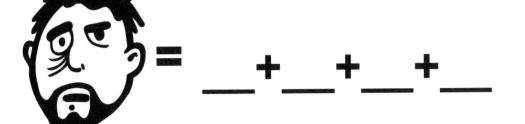

遊戲難度：★★★

圖案配對 15

請找一找上圖人臉裡各個五官形狀所代表的號碼。

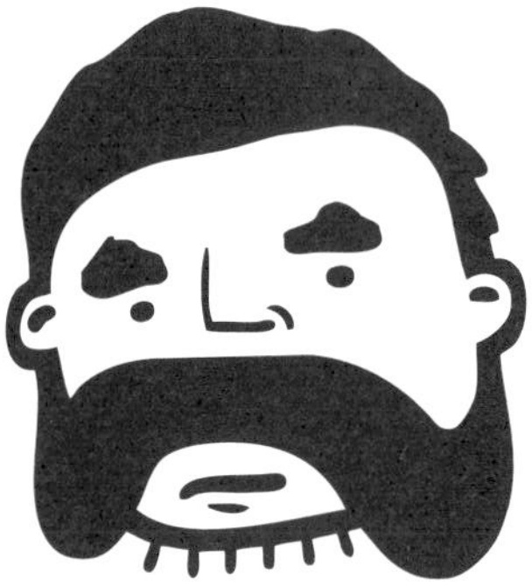

= ___ + ___ + ___ + ___ + ___

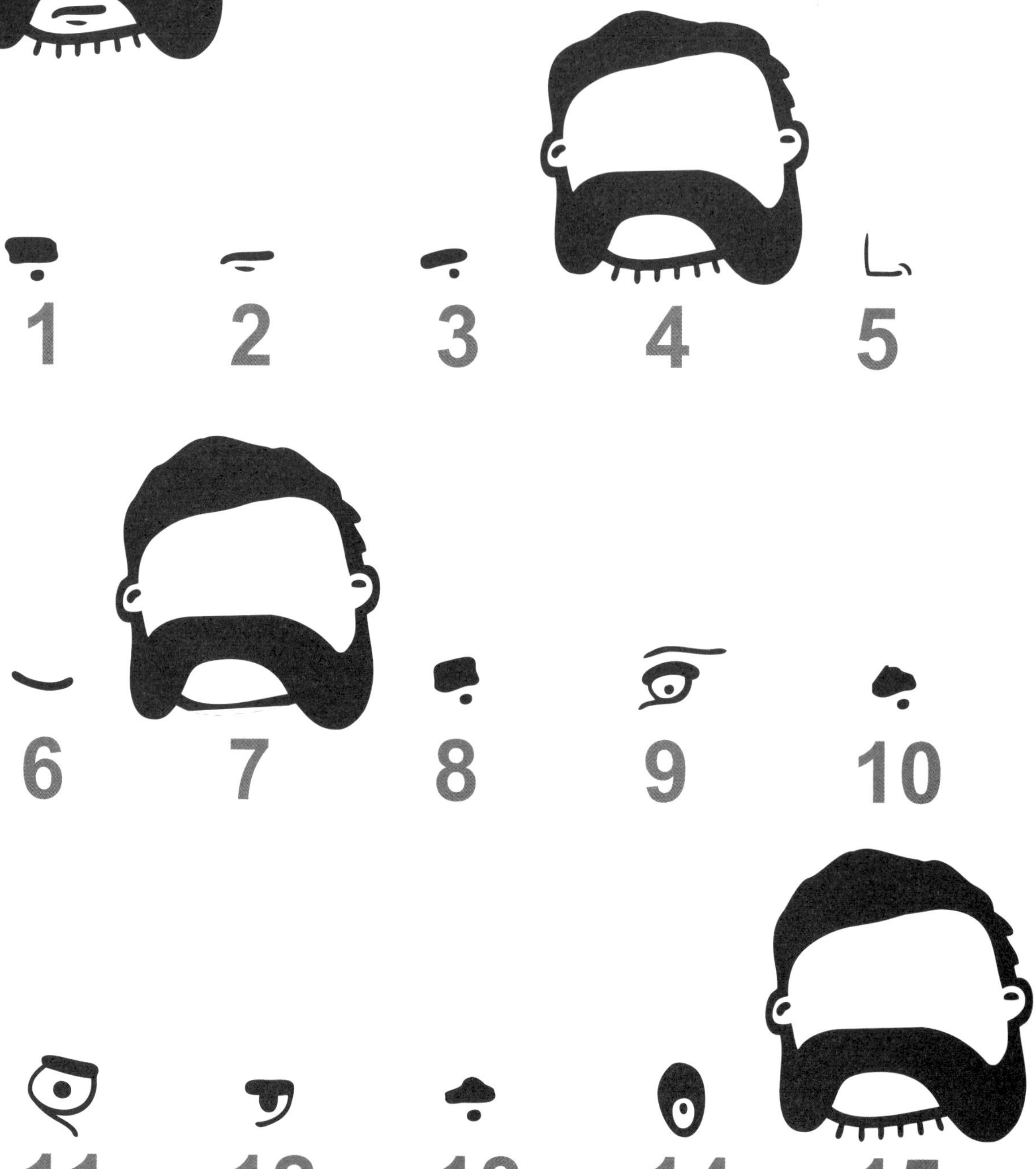

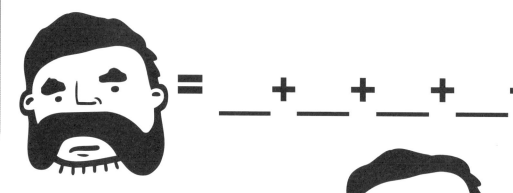

遊戲難度：★★★★

請把可以拼成圓形的圖案配對找出來。

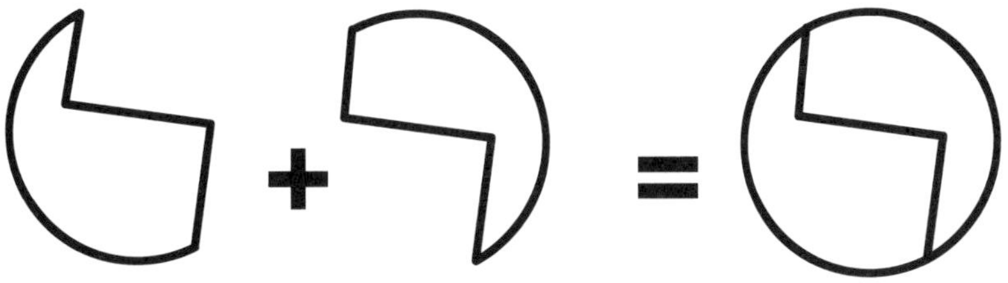

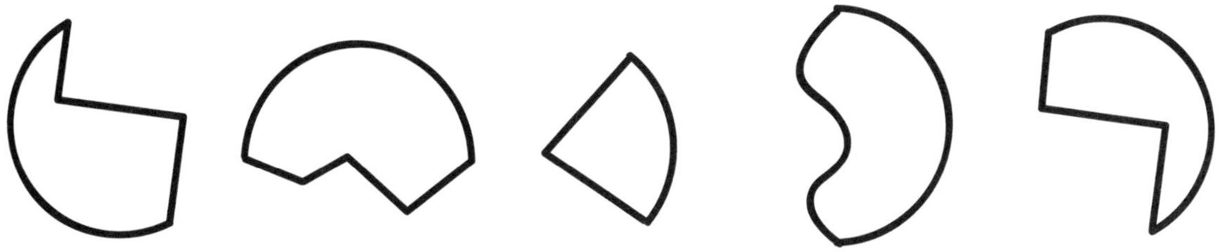

1 2 3 4 5

6 7 8 9 10

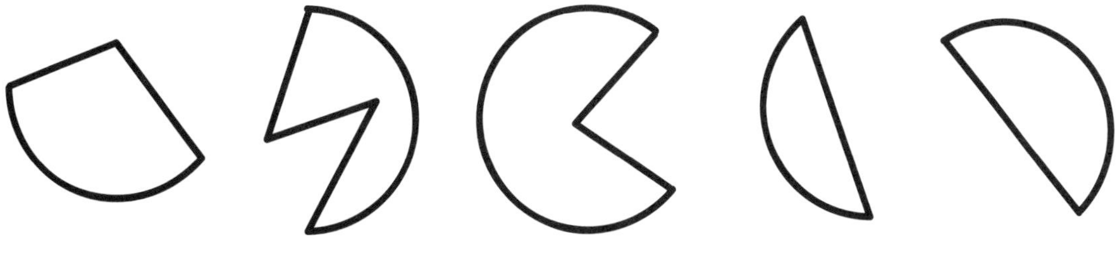

11 12 13 14 15

當圖案變得複雜，孩子難免不想進行遊戲，這時候不妨翻回前面題目，除了溫習外，也可以重新建立孩子的自信心，接著再面對挑戰時，就不會容易退縮！

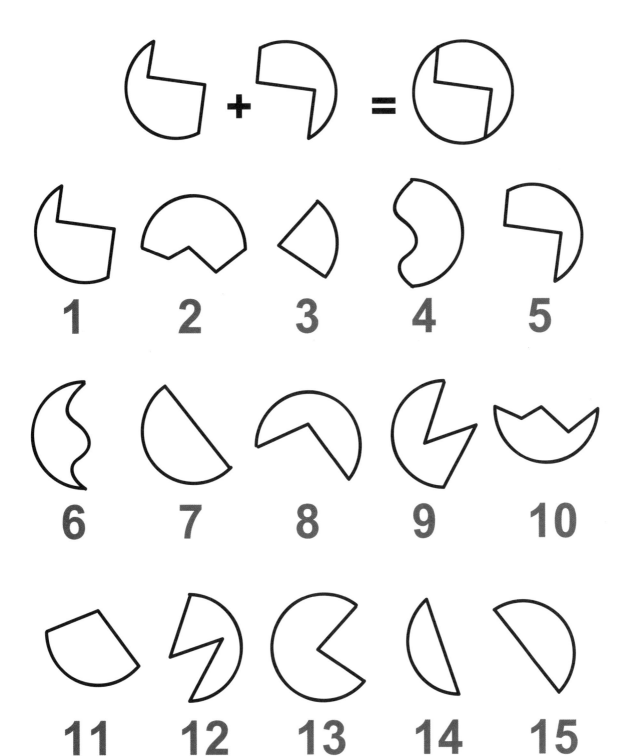

遊戲難度：★★★★

圖案配對 17

請把可以拼成完整圖形的圖案配對找出來。

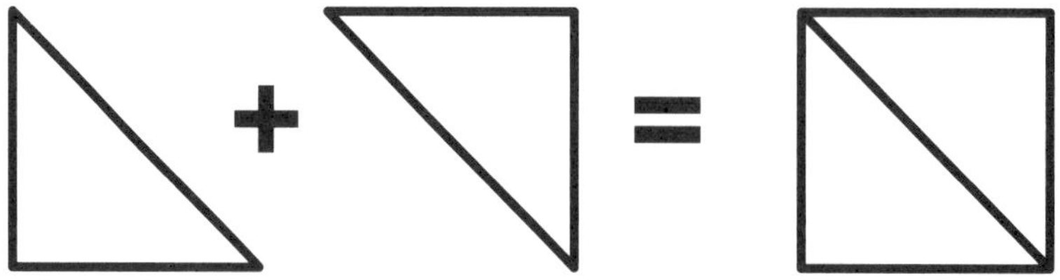

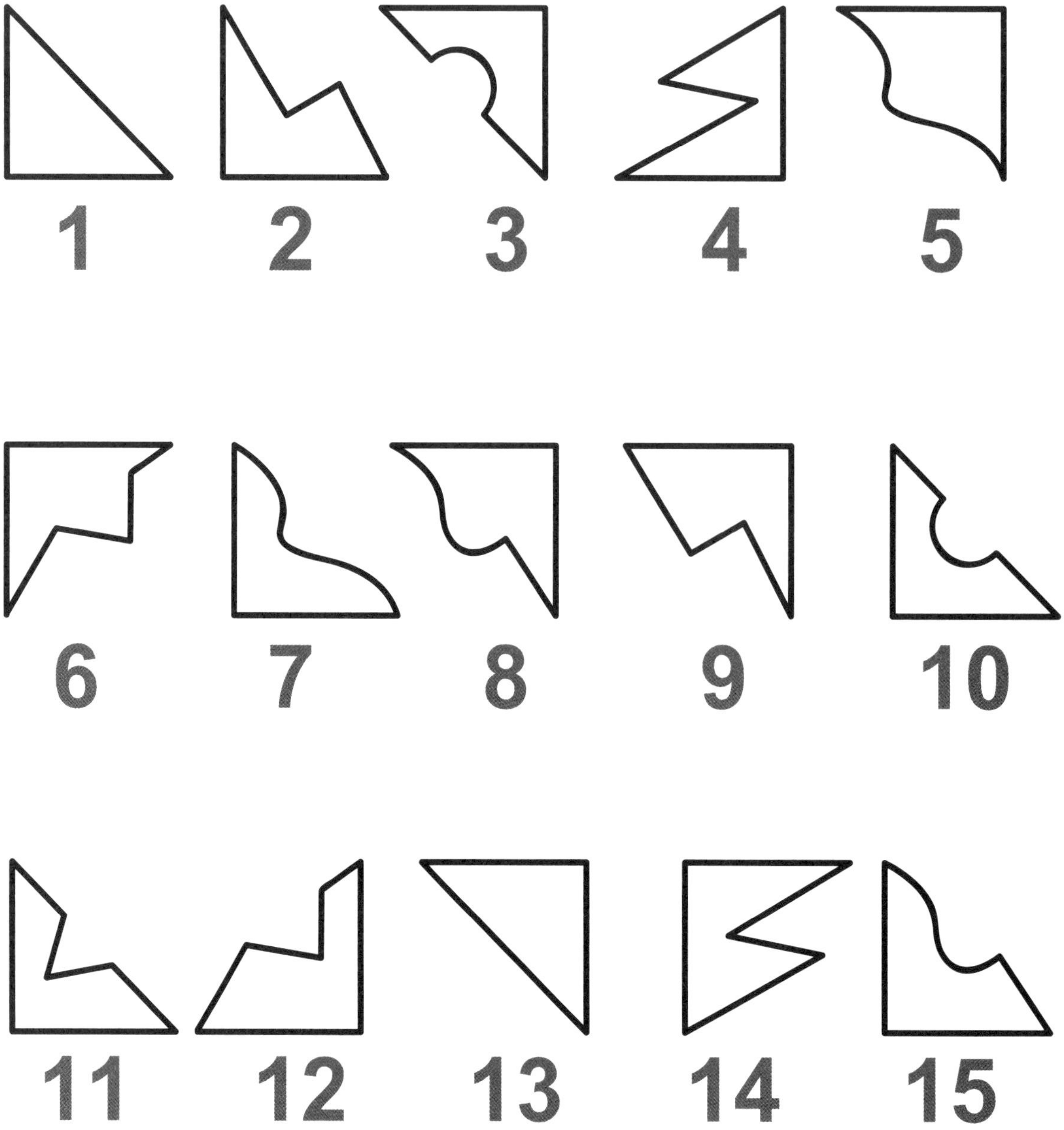

遊戲難度：★★★★

圖案配對

18

請把可以拼成完整圖形的圖案配對找出來。

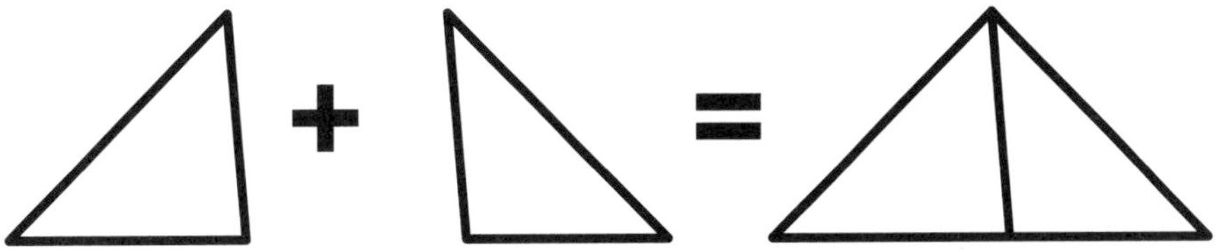

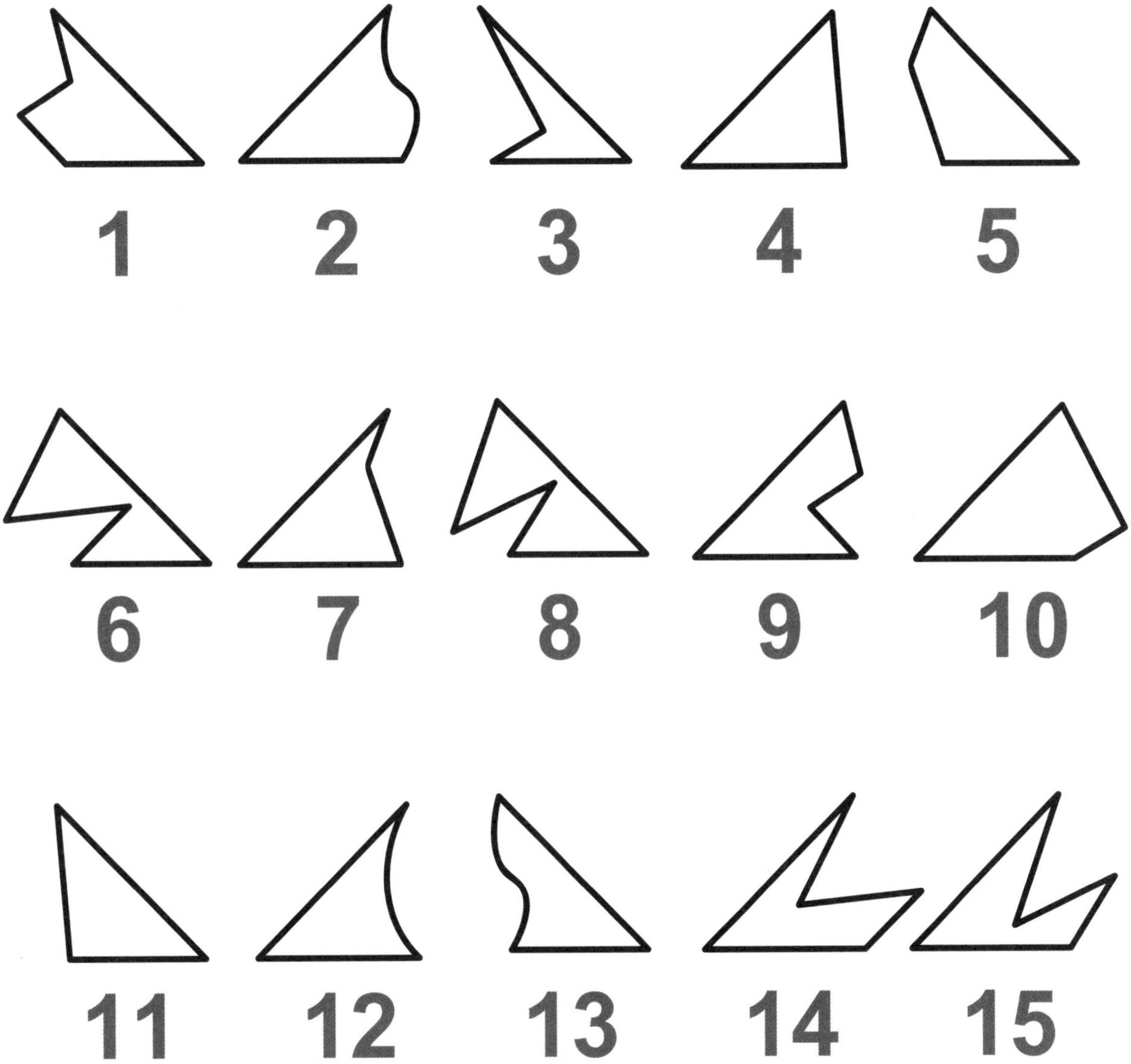

難度較高的題目，需要孩子更多的時間來思考，因此不要催促孩子「快一點！」，孩子花越多時間在思考與觀察，代表著孩子的注意力持續度也跟著提升呢！

圖案配對

19

請把可以拼成完整圖形的圖案配對找出來。

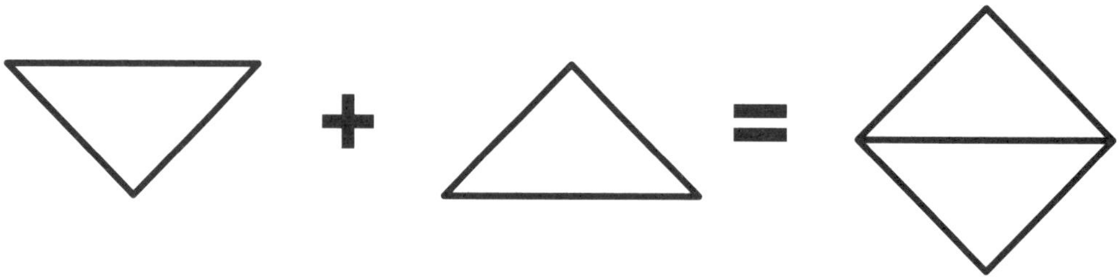

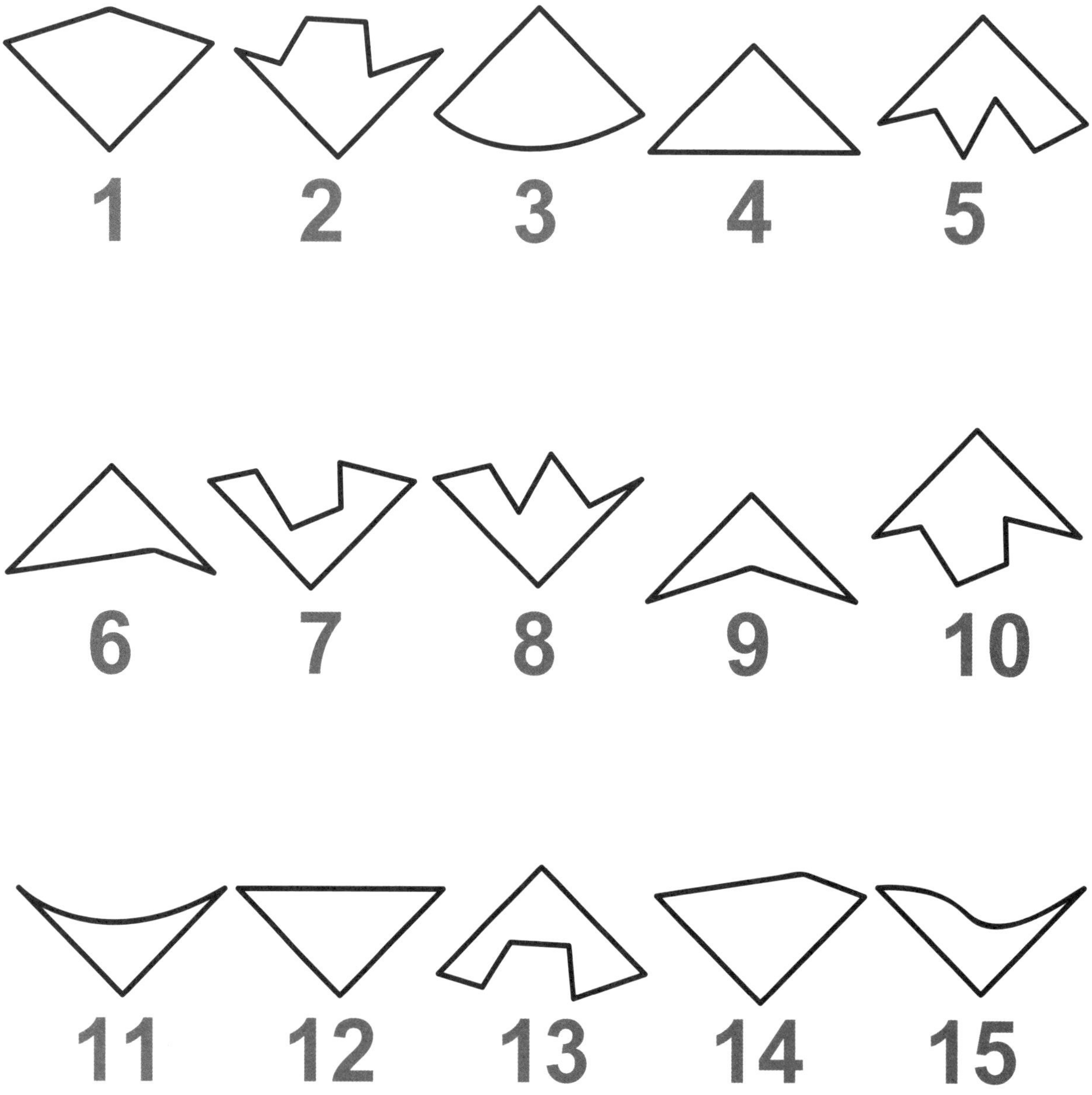

遊戲難度：★★★★

圖案配對 20

請把可以拼成完整圖形的圖案配對找出來。

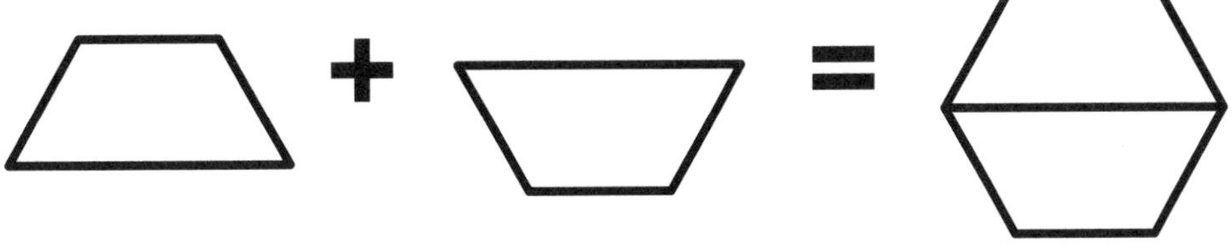

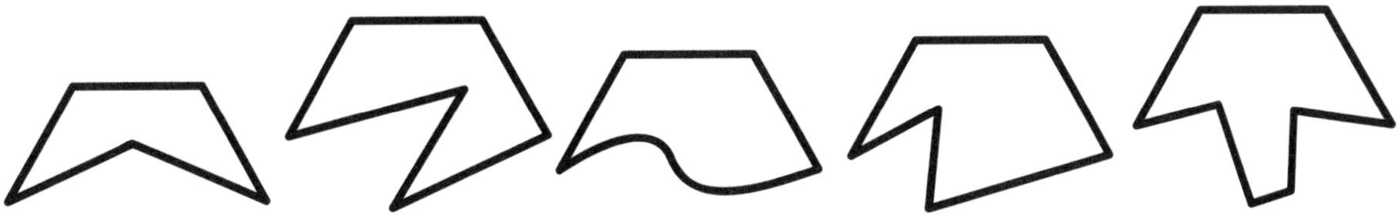

1 2 3 4 5

6 7 8 9 10

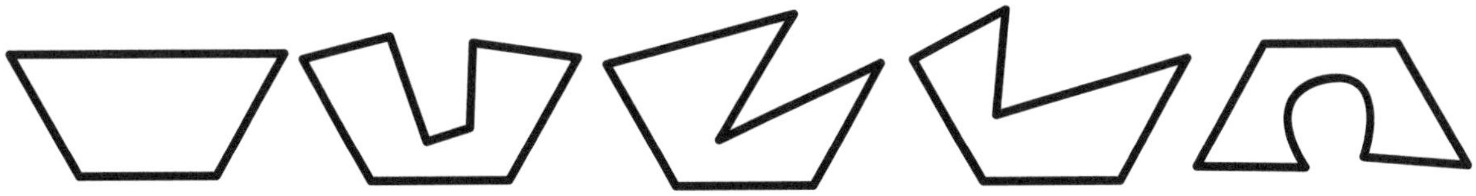

11 12 13 14 15

當孩子在遊戲中遇到困難時，不妨先停一停，帶著孩子仔細看每個圖案的不同，「哪幾個有凹下去的山洞？」「原來這兩個可以接在一起！」換個玩法，一樣可以訓練專注力！

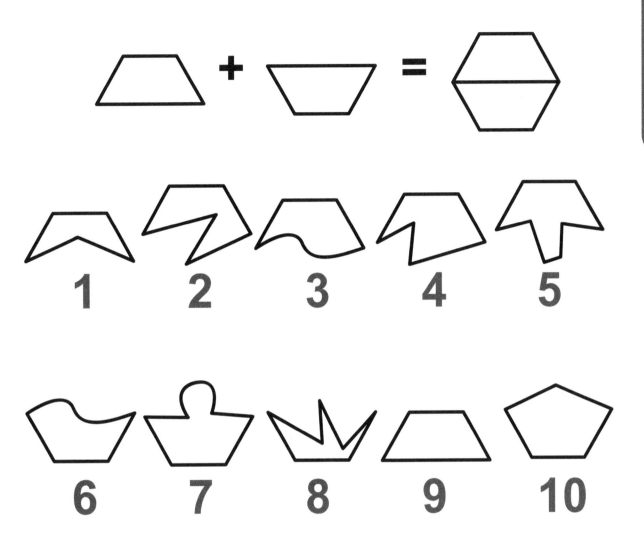

遊戲難度：★★★★★

圖案配對 21

請把可以拼成完整圖形的圖案配對找出來。

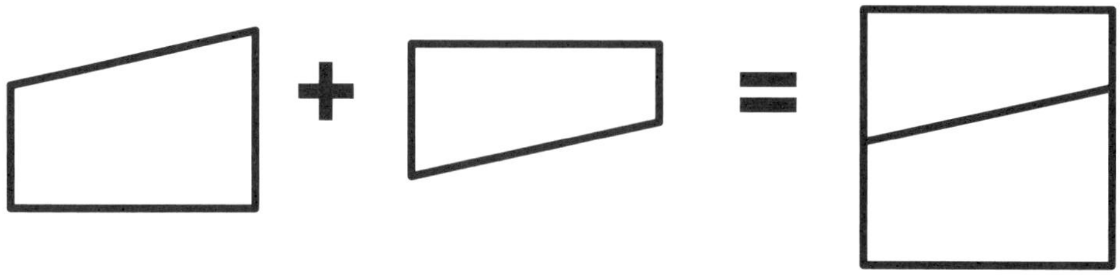

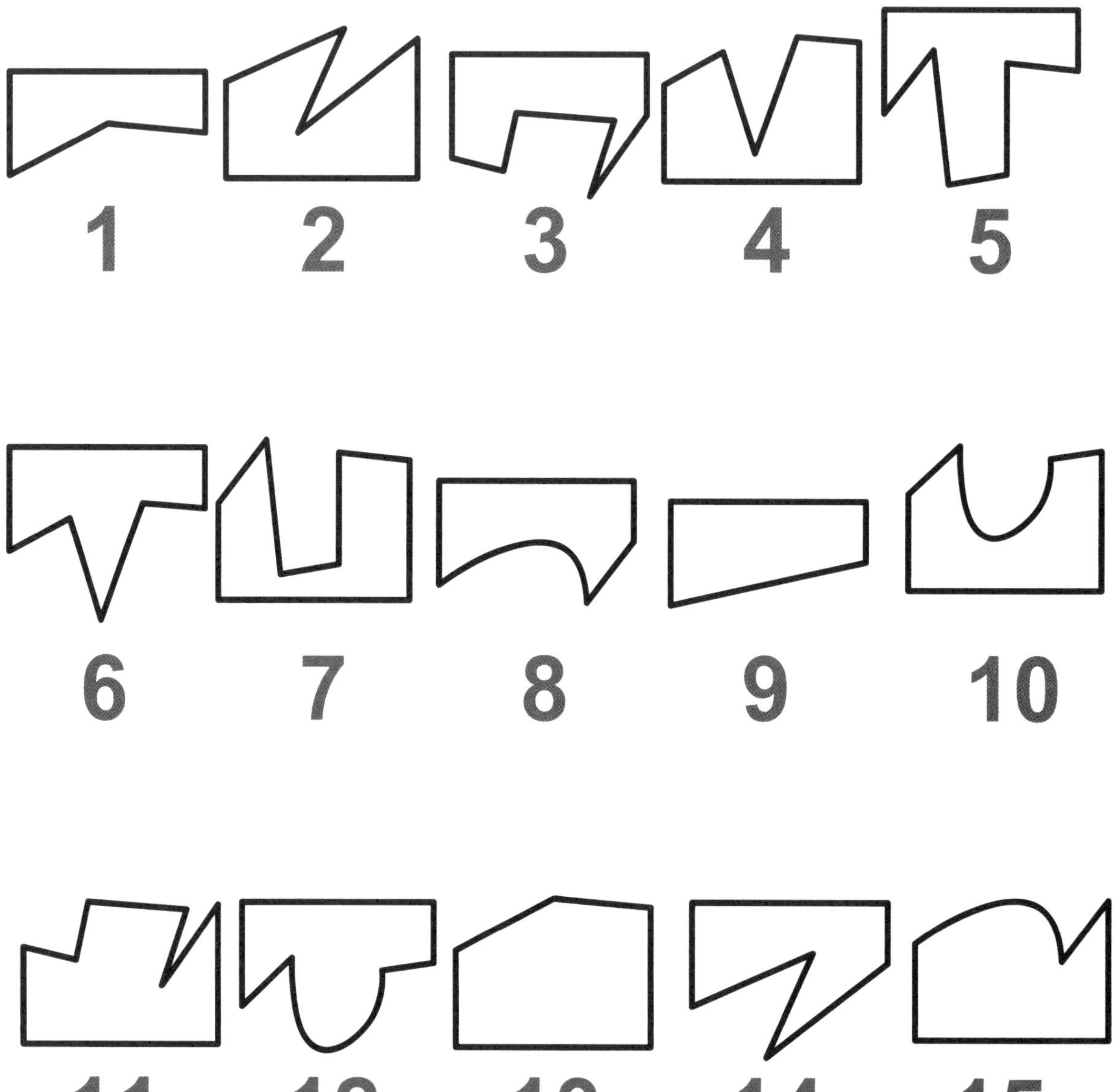

遊戲難度：★★★★★

圖案配對 22

請把可以拼成完整圖形的圖案配對找出來。

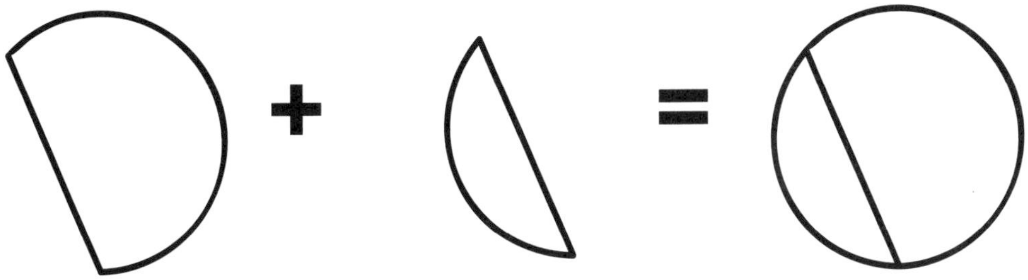

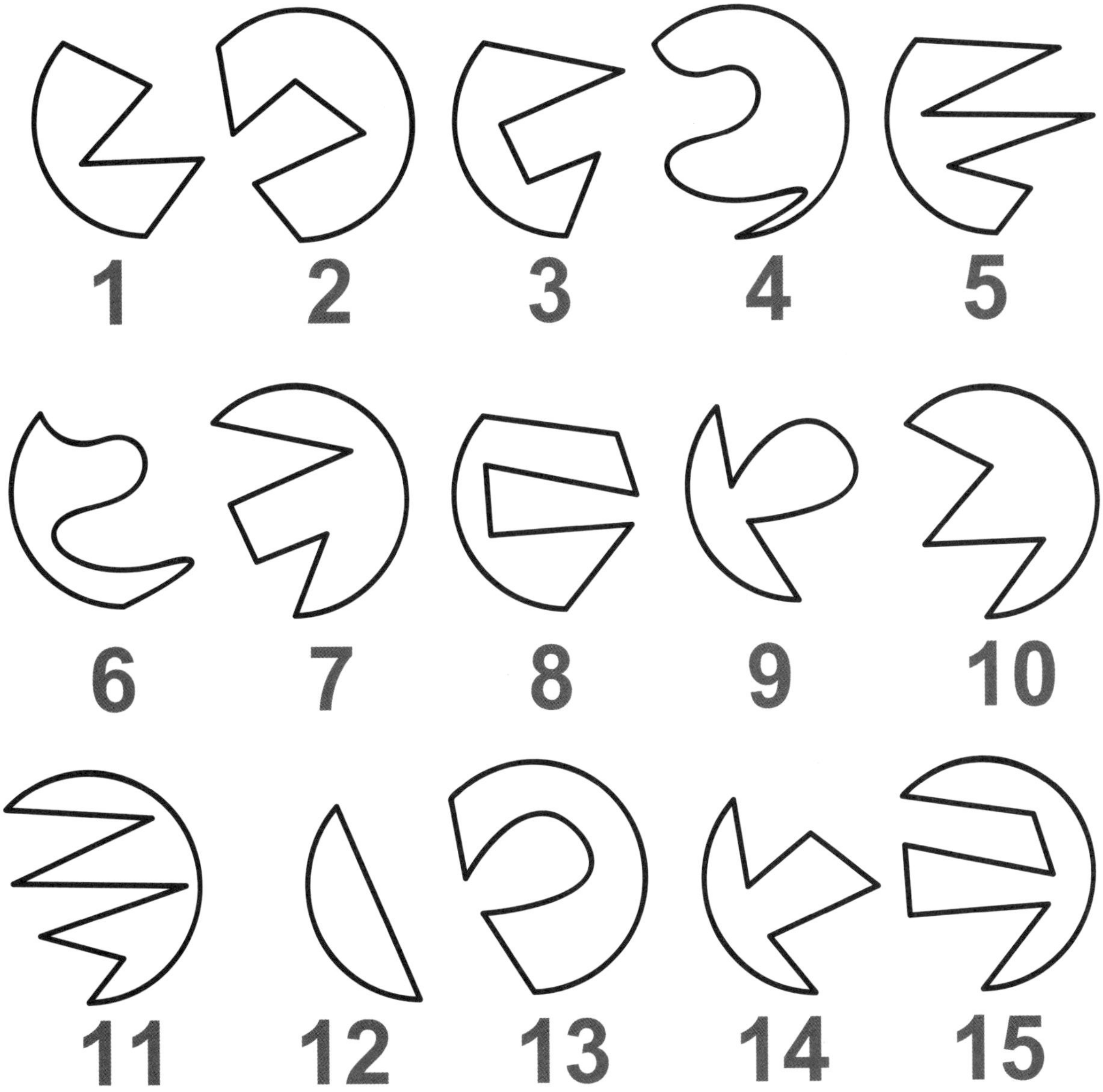

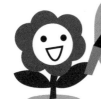

不必要求孩子一次就把所有的答案找出來，而是每找出一組，您就應該給予鼓勵。適當的鼓勵遠比催促孩子，「趕快找啊！」來得有效多了！

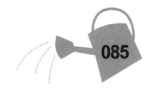

遊戲難度：★★★★★

圖案配對 23

請把可以拼成完整圖形的圖案配對找出來。

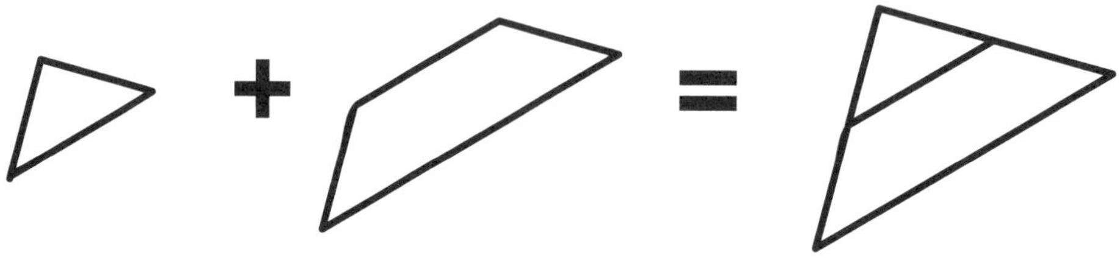

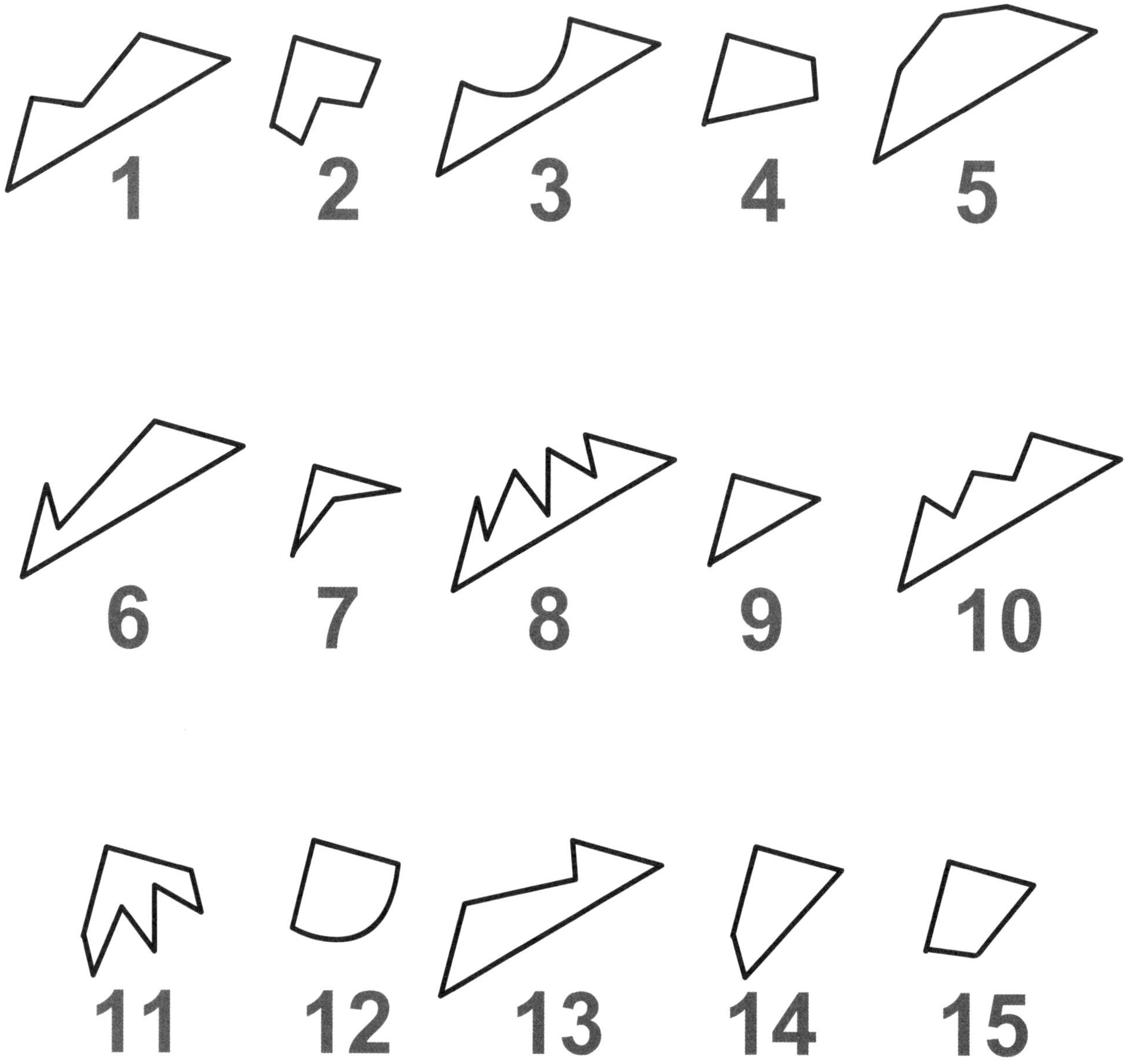

遊戲難度：★★★★★

請把可以拼成完整圖形的圖案配對找出來。

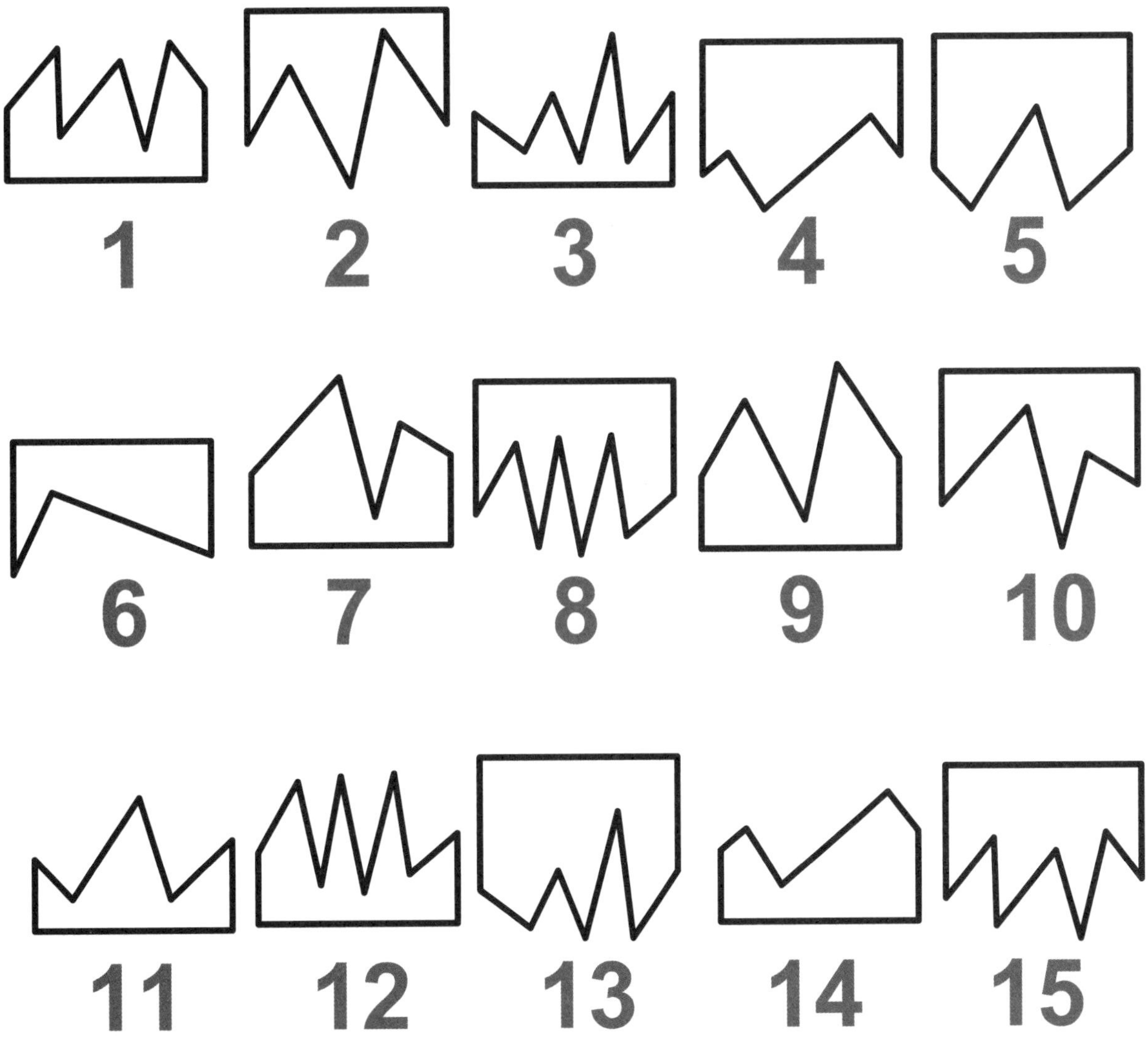

準備相同顏色的多張色紙，以不同的摺法將每張紙摺起來，協助孩子將每張紙任意剪成兩半，攤開後就成了各種不同的形狀。試著請孩子配對看看吧！

圖案配對 25

請把可以拼成完整圖形的圖案配對找出來。

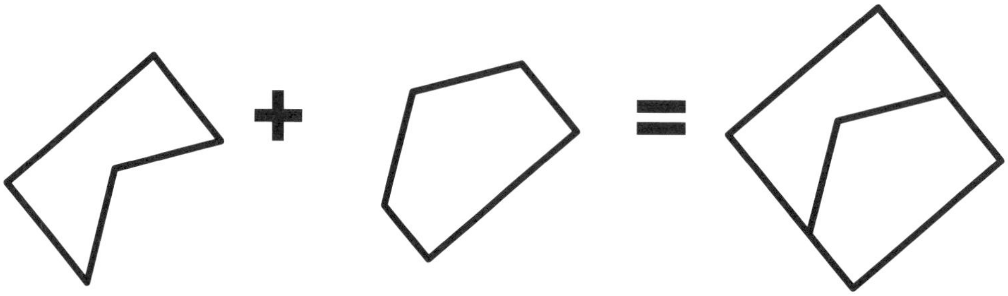

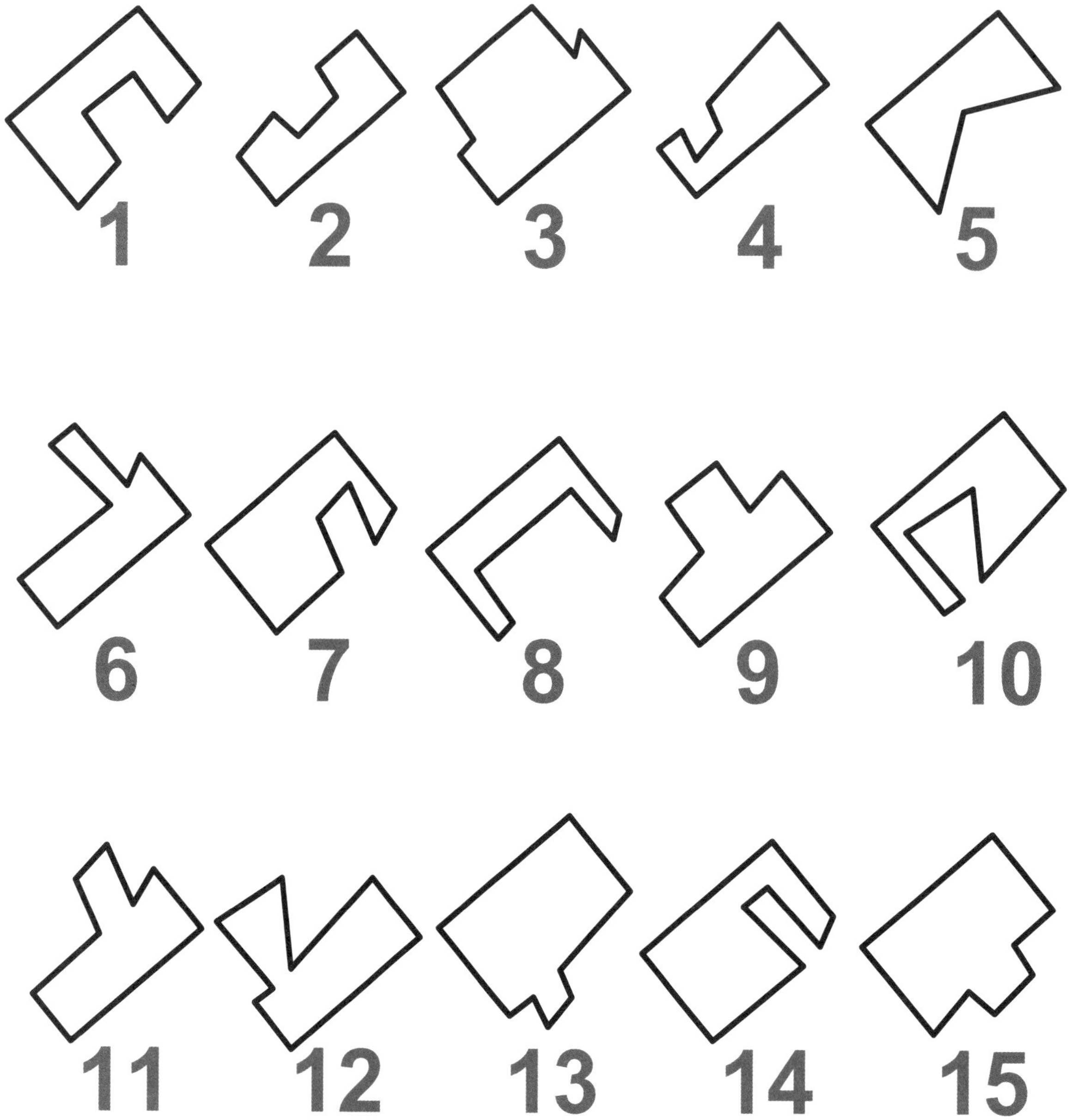

Part 4

大家來找碴

寫給家長的話

可以玩出什麼能力？

爸爸理髮後，孩子是否能立即發現爸爸的不同，還是無動於衷繼續玩遊戲？事實上，孩子的「觀察力」不好，有時是因爲孩子無法擁有良好的視覺記憶能力與區辨能力，因此無法「同中求異」。而這個遊戲對補強孩子的專注力具有極佳的訓練效果，因爲它有助於培養孩子的「視覺記憶能力」以及「區辨能力」，有助將來的國字改錯能力。

小朋友應該怎麼玩？

在這個單元裡，孩子必須在相同的兩張圖中，試著找出不一樣的地方，例如：是顏色不一樣？還是形狀不同？或是不見了？孩子能夠一一找出不一樣的地方嗎？還是一下子就放棄了呢？

玩的時候可以告訴孩子，這兩張圖中有幾個地方不一樣，請他找找看！當孩子遇到挫折時，除了鼓勵之外，還可以先給予範圍的限定，例如：「看看左上角，有個地方的小鳥不見囉！」給孩子提示，而不是給解答，因爲我們要訓練孩子的是專注力，而不是解題能力。

因此，只要孩子能夠持續在這兩張圖中觀察，我們就應該給予讚賞，如此不僅孩子的注意力持續度能增長，也能培養耐心與挫折忍受度。而當孩子能把答案找出來，那就更應該給予鼓勵，如此才能造就孩子的自信心，將來需要更專心的時候才能更投入，而達到更優質的表現。

遊戲難度：★★

請找出上下圖三個不同的地方。

僅大小改變的物件，對孩子來說，仍屬於同一件物品，因此不容易發現不同，您不妨提醒他：「有個東西大小不一樣喔！」從幫助孩子找出答案中，讓他發覺遊戲的樂趣。

遊戲難度：★★

請找出上下圖三個不同的地方。

遊戲難度：★★

請找出上下圖三個不同的地方。

遊戲難度：★★

請找出上下圖三個不同的地方。

圖的範圍如果太大，孩子可能無法專心，您不妨將圖蓋起來只露出１／３，讓孩子從小範圍開始找起，然後再慢慢擴大。如此不僅能降低孩子的挫折感，還能讓他學會搜尋技巧。

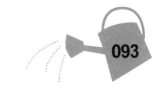

遊戲難度：★★

請找出上下圖三個不同的地方。

遊戲難度：★★

大家來找碴 06

請找出上下圖五個不同的地方。

位置改變對孩子來說也是很困難的喔！因為物品明明還在，怎麼會不同呢？您可以適當提示孩子，「不同」的定義包括：物品還在，只是位置高低不同。

遊戲難度：★★★

大家來找碴 07

請找出上下圖五個不同的地方。

遊戲難度：★★★

大家來找碴 08

請找出上下圖五個不同的地方。

越是複雜的圖形越能訓練孩子的專注力，但要避免「挫折感」影響孩子的動機。您可以利用二隻手指，分別指著上下同一個地方請孩子作比較，以幫助孩子視覺集中，找出不同處。

遊戲難度：★★★

請找出上下圖五個不同的地方。

遊戲難度：★★★

請找出上下圖五個不同的地方。

要找的地方慢慢變難囉！不僅改變的地方越細小，難度也越高了。您可以將兩張圖重疊在一起，讓孩子透著光源來找出不同的地方。

遊戲難度：★★★

大家來找碴

11

請找出上下圖五個不同的地方。

遊戲難度：★★★

大家來找碴

12

請找出上下圖五個不同的地方。

如果孩子還不認識文字，您可以以圖案的方式來描述，例如，不要告訴孩子「ㄅ」變成了「ㄌ」了，而是要說「這邊多了一條線」，讓孩子以圖案的方式來熟悉文字，提高學習文字的興趣。

遊戲難度：★★★

請找出上下圖五個不同的地方。

遊戲難度：★★★

請找出上下圖五個不同的地方。

拿一把尺蓋住兩張圖，讓孩子沿著尺比較上下的不同吧！如此可以讓孩子更專心，避免因為不小心「瞄」到別的地方而分心。

遊戲難度：★★★

大家來找碴

15

請找出上下圖五個不同的地方。

遊戲難度：★★★★

請找出上下圖八個不同的地方。

有時孩子會執著於數數星星有幾個，或是愛心有幾個，其實這是件好事！能夠對於細節處仔細觀察，其實也能提升專注力。此時找出答案，反而不是重點喔！

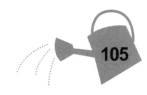

遊戲難度：★★★★

請找出上下圖八個不同的地方。

遊戲難度：★★★★

請找出上下圖八個不同的地方。

找出不同的地方要怎麼做記號？建議上下兩張圖都圈起來，並且鼓勵孩子描述這兩個地方的不同，是「大小不一樣」還是「多了一個蛋糕」？找出不同，並且仔細描述，也是專注力的表現。

遊戲難度：★★★★

請找出上下圖八個不同的地方。

遊戲難度：★★★★★

請找出上下圖八個不同的地方。

仔細觀察會讓眼睛疲累！當孩子不想找的時候，不妨讓孩子放鬆一下，看看遠方，讓眼睛獲得休息，讓專注力適當轉移，接著再回來找時，孩子將會表現得更專心，尋找的速度將會更快、更有效率。

遊戲難度：★★★★★

請找出上下圖八個不同的地方。

遊戲難度：★★★★★

請找出上下圖八個不同的地方。

當孩子找出不同的地方，但卻不是正確答案時，請不要告訴孩子「錯」！請聽聽孩子的解釋，只要孩子描述的有道理，都應該給予讚賞，這表示孩子的觀察力更仔細！

大家來找碴

23

請找出上下圖八個不同的地方。

遊戲難度：★★★★★

大家來找碴 24

請找出上下圖八個不同的地方。

遊戲延伸

準備數位相機與腳架，將孩子的玩具散於桌上，拍下一張後，移動幾個地方、拿走或增加幾個玩具，接著再拍一張。這兩張照片就是最好的遊戲。利用孩子熟悉的物品作為題材，可以讓孩子更樂於遊戲。

遊戲難度：★★★★★

請找出上下圖八個不同的地方。

Part 5 編碼遊戲

寫給家長的話

可以玩出什麼能力？

「編碼遊戲」是利用圖案、文字及符號的互換，讓孩子在這過程中訓練觀察力、反應力及記憶能力，這些能力提升之後，作答速度及正確率也會跟著提升，專注力表現也就跟著品質提高。不論圖案、文字或符號，孩子不用眞正了解名稱或含意，只要能在彼此之間互換即可，例如，知道三角形代表 1、圓形代表 2 等。

小朋友應該怎麼玩？

以往的編碼活動在於個別圖案的解碼，而忽略整體性的練習，加上常使用紙筆練習的方式來訓練專注力，倘若因爲孩子的運筆、握筆能力問題而表現不佳，則可能會被誤認爲「不專心」，這對孩子來說是冤枉的！

因此排除因年齡而有不同運筆表現的因素後，讓孩子利用視覺掃描或手指點數的方式，找出目標所代表的符號或文字，然後數一數有幾個。從孩子進行遊戲的時間以及正確率，就可以感覺到孩子專注力的進步。

進行這個遊戲的時候，有些孩子會問到「爲什麼小豬是 3 ？」「爲什麼衛生紙是ㄅ而不是ㄨ？」除了讚賞孩子的觀察力與創意外，還可以藉此告訴孩子「遊戲規則」，以及遵守規則的重要性。當然，也可以引導孩子作出自己的「解碼遊戲」。

「編碼遊戲」訓練的是專注力，因此當孩子因爲其他因素而影響專注力表現時，應該先將這些因素排除或忽略，如前述的運筆，等到孩子專注力提升了，可以利用這個遊戲再來訓練孩子的運筆能力，或者把每個遊戲設定時間，訓練孩子的反應速度。

遊戲難度：★★★

編碼遊戲

01

請數一數圓圈裡的「圓形」有幾個？

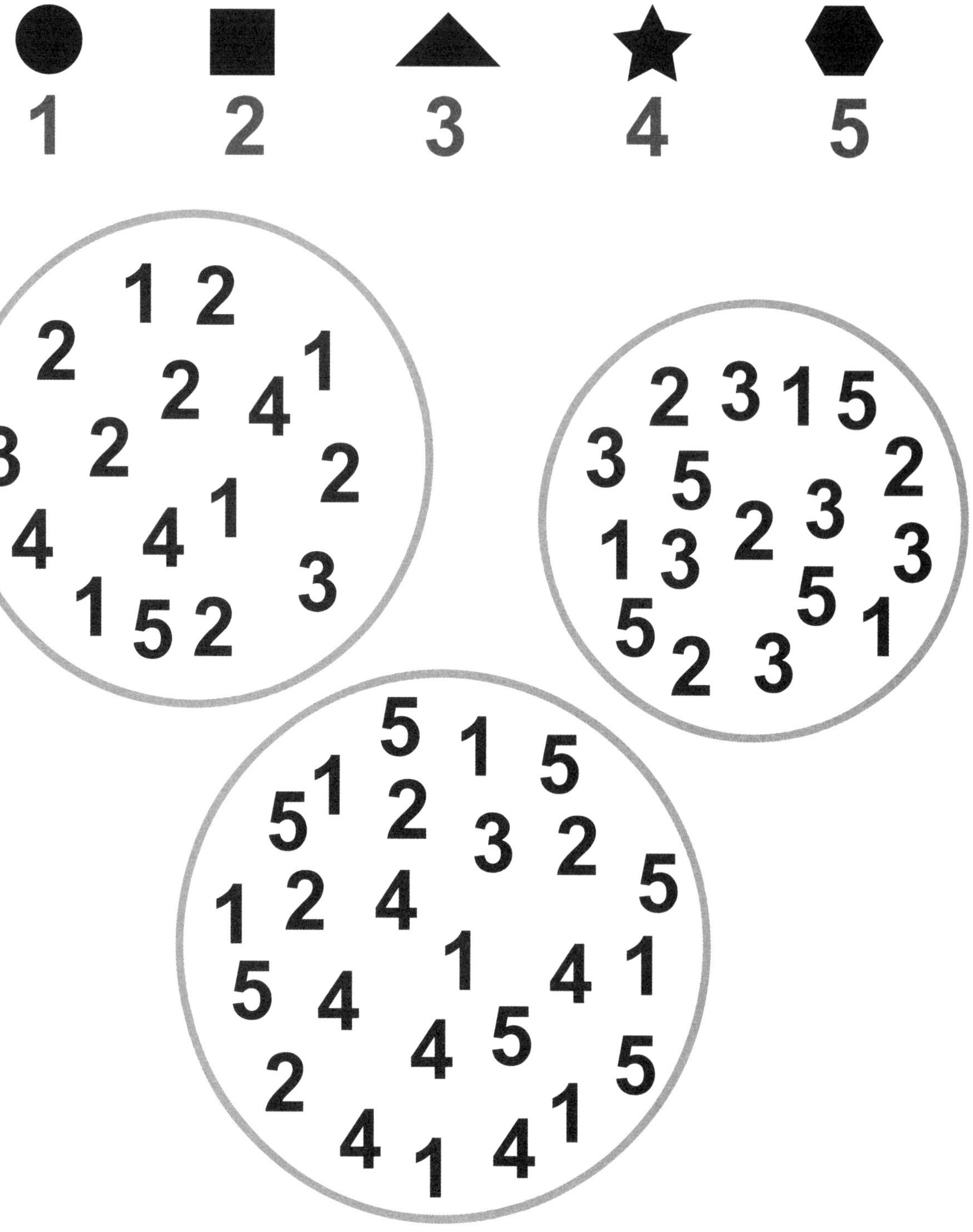

遊戲難度：★★★

請數一數圓圈裡的「正方形」有幾個？

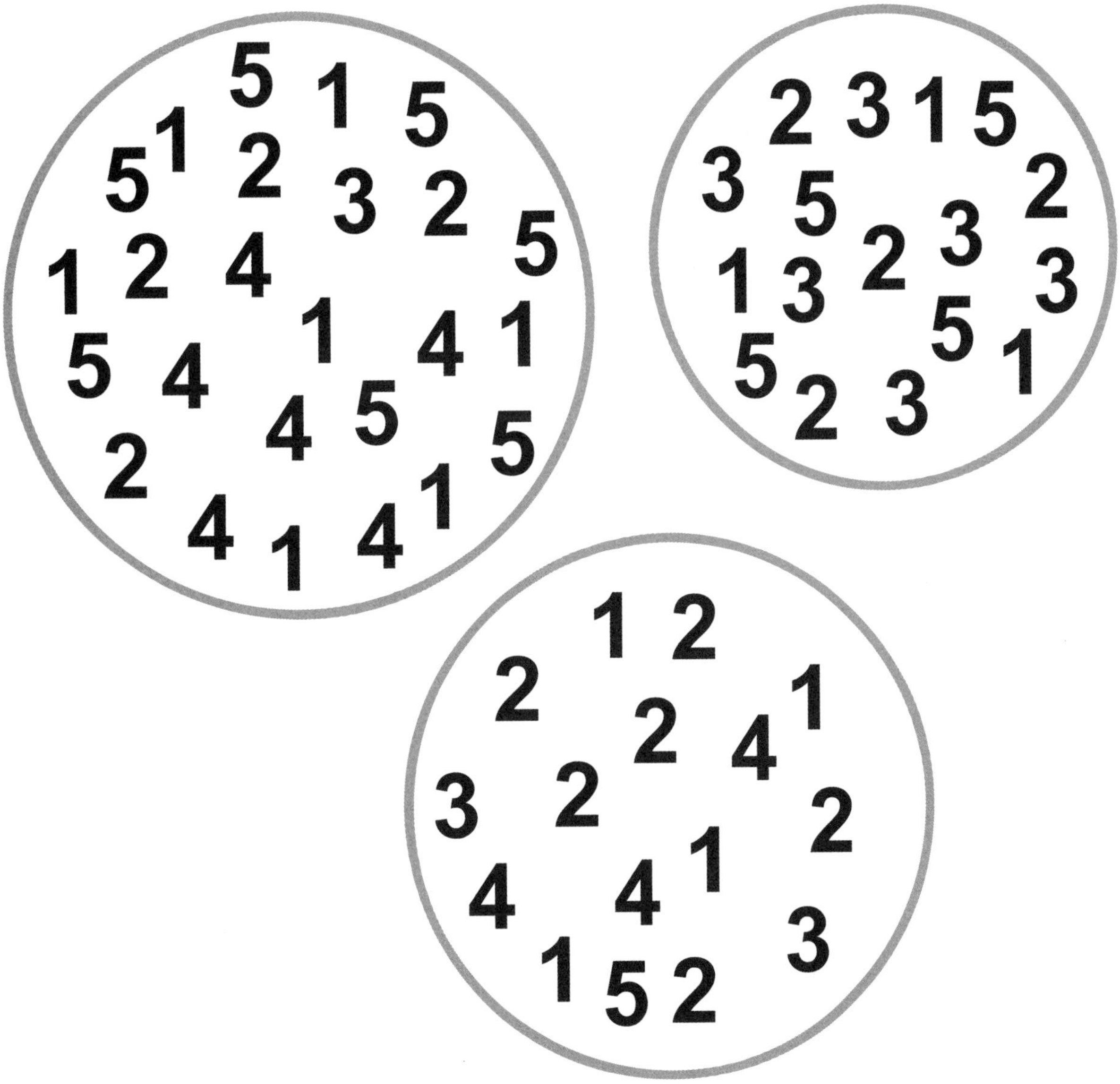

每個都是圓圈？那不就是整張都要數囉？的確！但是將所有尋找目標分為三個圈，可以讓孩子一個圈找完再找一個圈，避免在整張紙上胡亂搜尋，這就是視覺搜尋策略的訓練。

編碼遊戲 03

遊戲難度：★★★

請數一數圓圈裡的「三角形」有幾個？

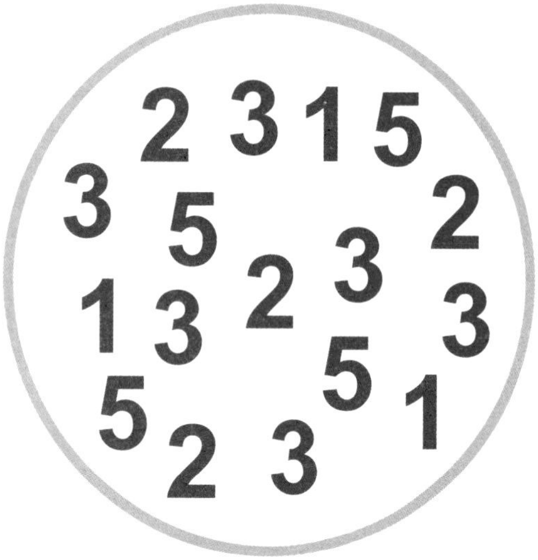

遊戲難度：★★★

請數一數圓圈裡的「星星」有幾個？

●	■	▲	★	⬢
1	2	3	4	5

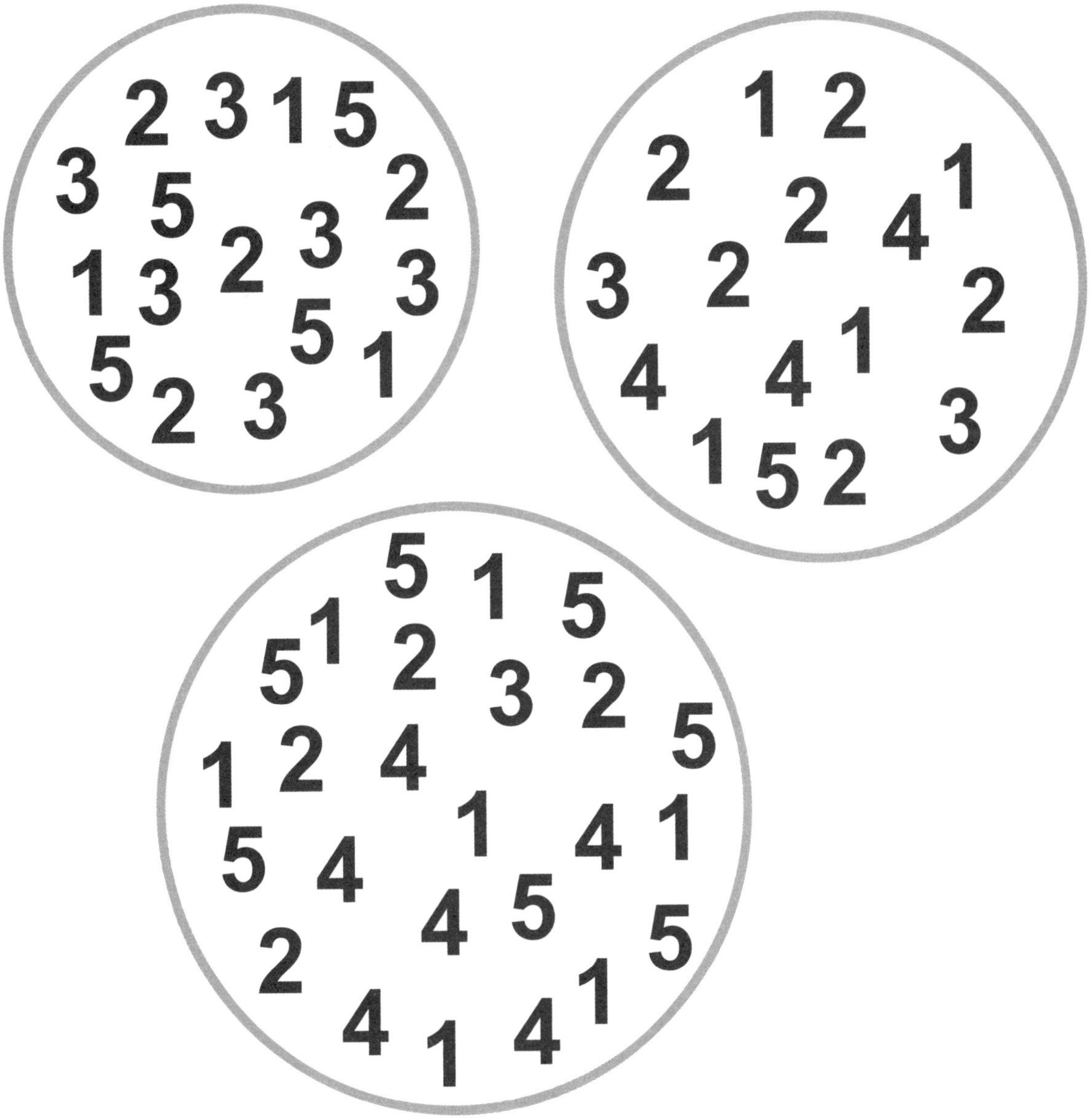

當孩子無法將圖案與數字做連結時（也就是不了解為什麼某個數字和某個圖案是一樣的），可以讓孩子直接找尋數字，先讓孩子熟悉遊戲流程，孩子自然會學會圖案與數字間的連結。

遊戲難度：★★★

編碼遊戲 05

請數一數圓圈裡的「六邊形」有幾個？

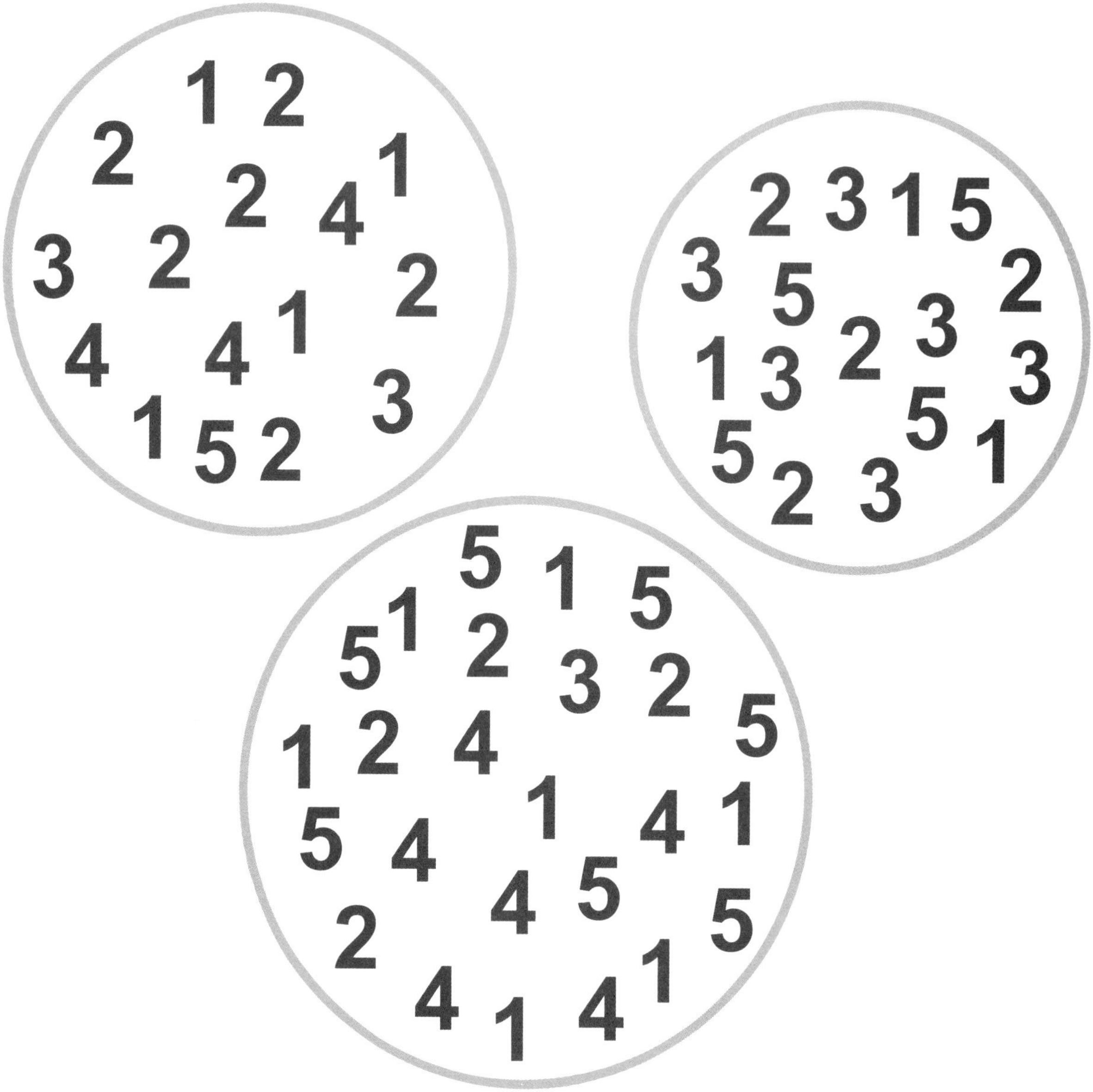

數完了星星，也可以數數圓形，然後比較一下誰多？誰少？讓同一張遊戲可以變成許多種遊戲，更可以提升孩子的全面觀察能力，這對於將來閱讀找重點時很有幫助。

遊戲難度：★★★

請數一數，找出哪一個圓圈裡的「星星」最多？

1 2 3 4 5

1 2
2 1
2 4
3 2 2
4 4 1
3
1 5 2

2 3 1 5
3 5 2
2 3
1 3 3
5 1
5 2 3

5 1 5
5 1 2
3 2
5
1 2 4
1 4 1
5 4
4 5
5
2 1
4 1 4

遊戲難度：★★★★

A　B　C　D　E

妹妹有幾個「玩具小雞」呢？數一數哪一個圓圈裡最多？

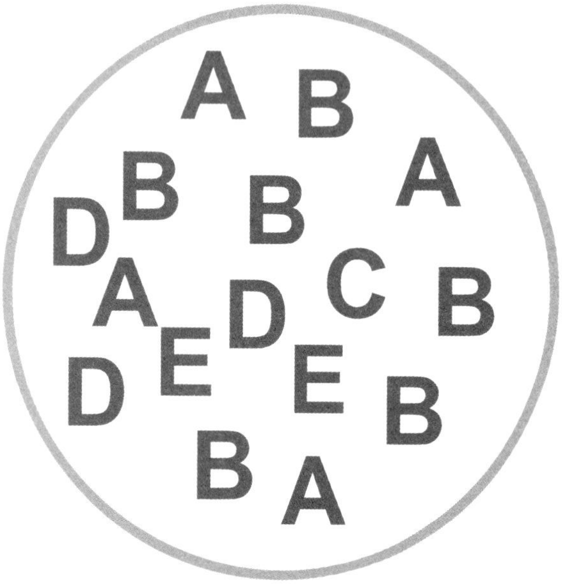

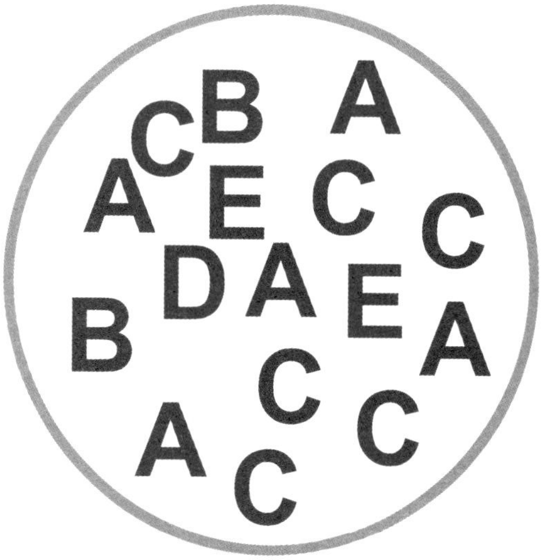

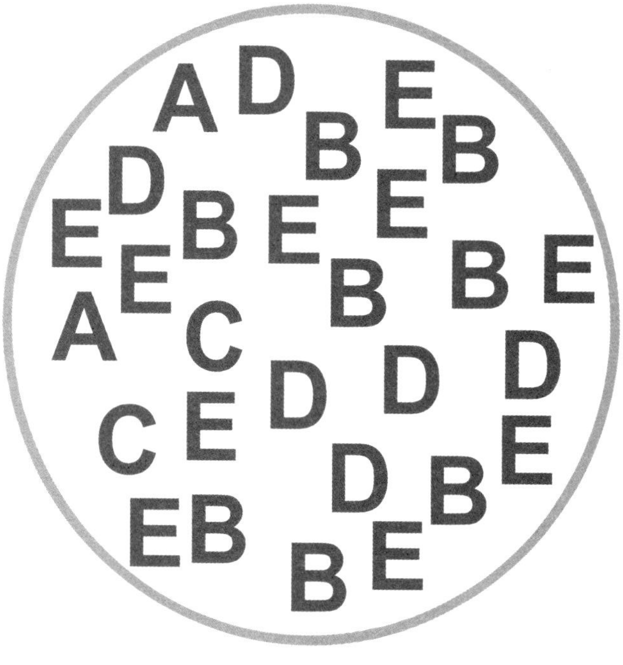

遊戲難度：★★★★

請數一數，找出哪一個圓圈裡的「皇冠」最少呢？

ㄅ ㄆ ㄇ ㄈ ㄉ

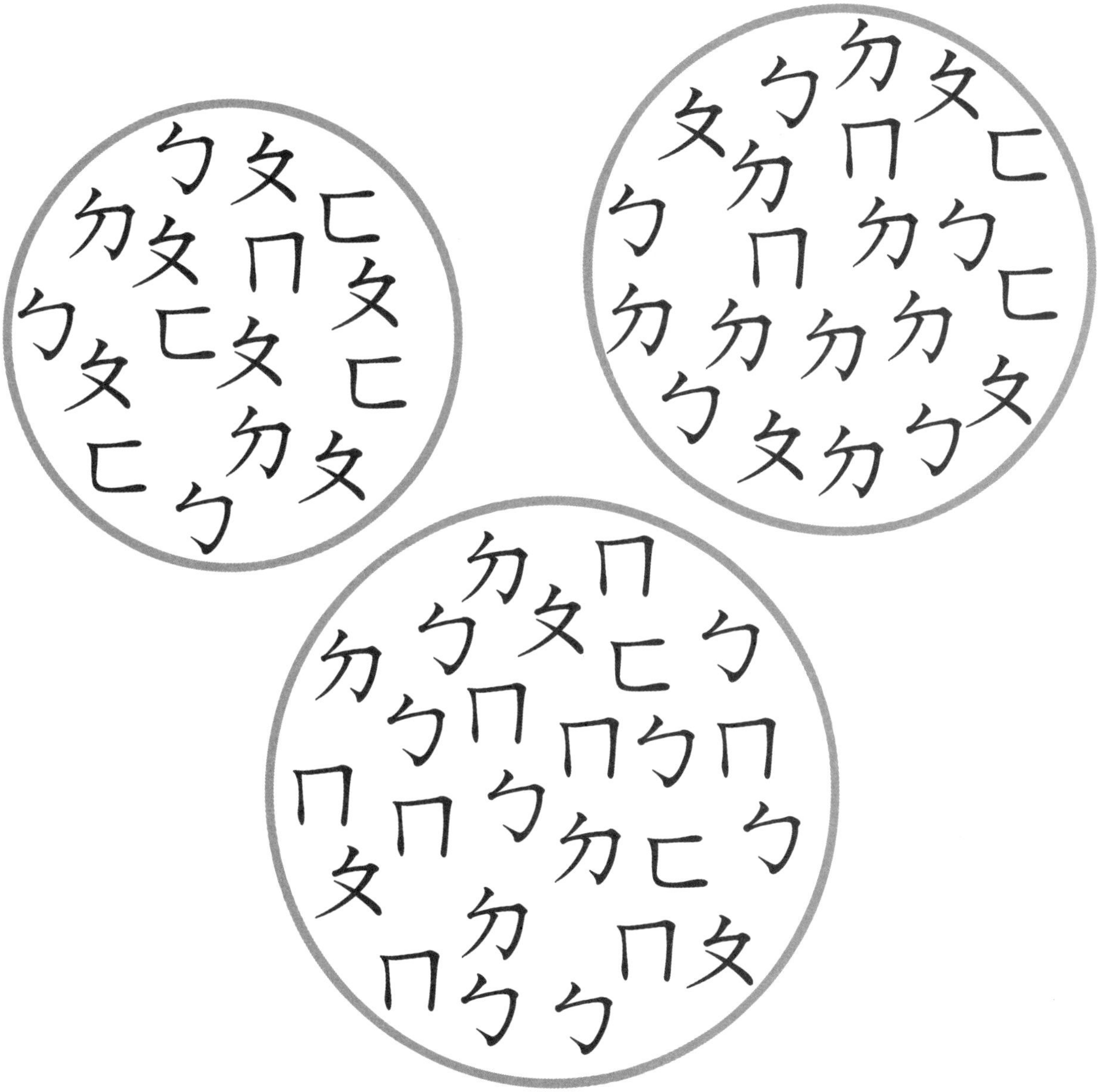

當孩子還不認識數字、英文及注音符號時，可以藉由遊戲讓孩子認識這些文字，並了解讀音，這不僅有助專注力與記憶力，同時也提升了孩子將來學習文字的動機。

遊戲難度：★★★★

編碼遊戲

09

請數一數，找出哪一個圓圈裡的「玩具兔子」最少呢？

A B C D E

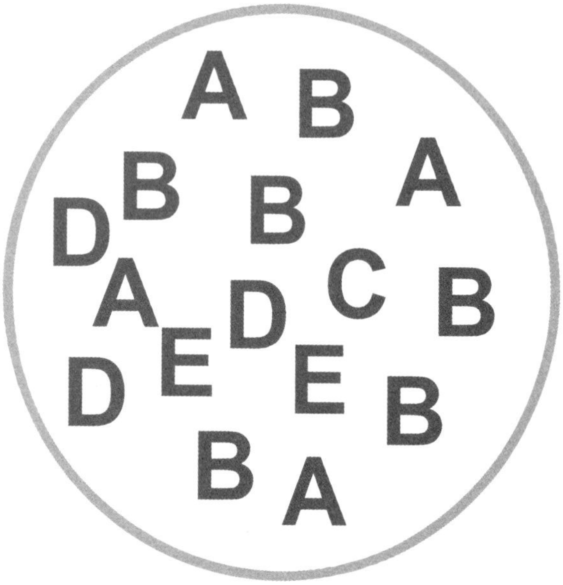

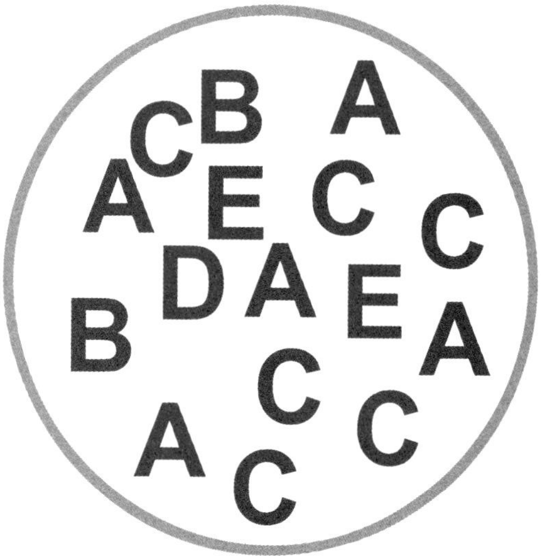

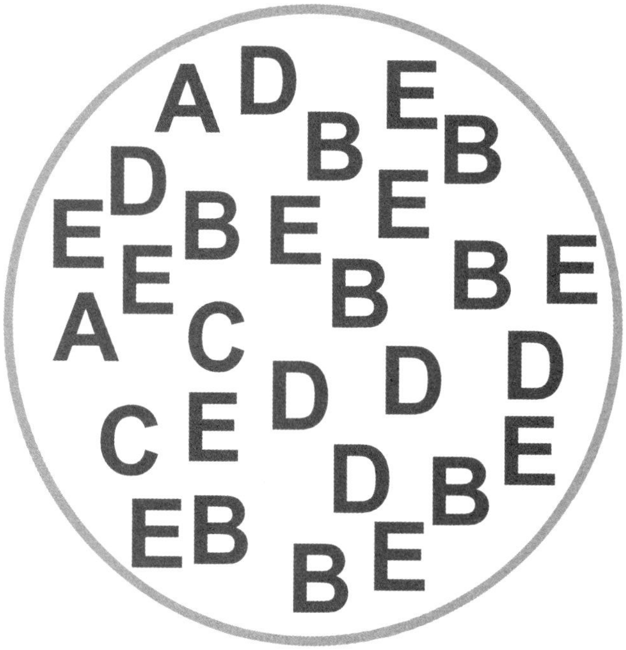

遊戲難度：★★★★

媽媽找不到「衛生紙」，哪一個圓圈裡最多呢？

ㄅ　ㄆ　ㄇ　ㄈ　ㄉ

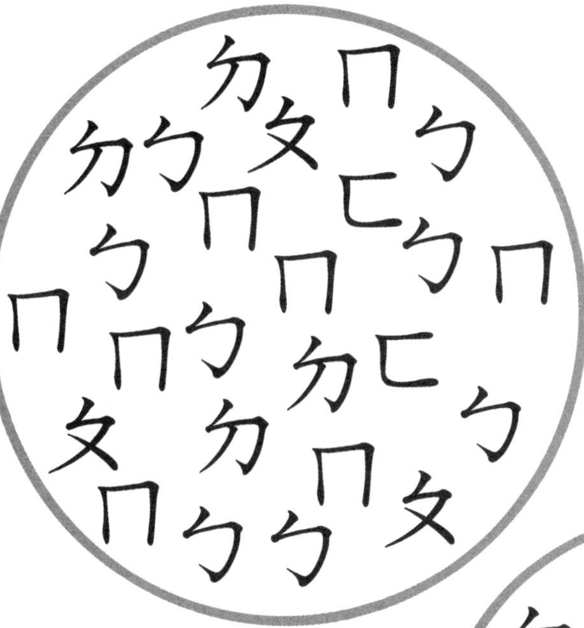

孩子對於編碼遊戲輕鬆上手嗎？不妨在孩子看完上排密碼對應表後，將它蓋住，讓孩子根據記憶找出答案，以訓練孩子的視覺記憶與專注力。

遊戲難度：★★★★

請數一數，找出哪一個圓圈裡的「長頸鹿」最少呢？

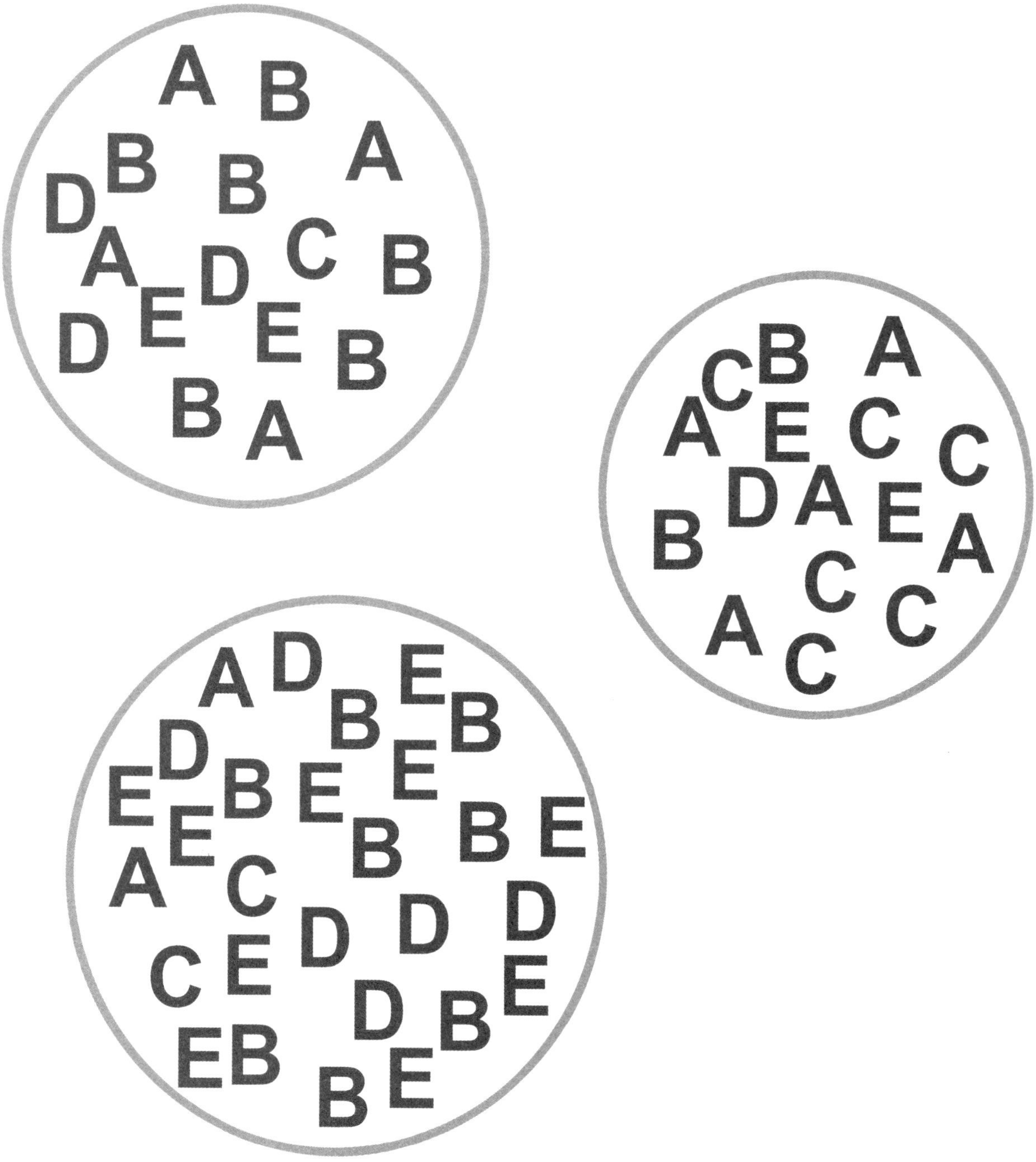

遊戲難度：★★★★

爸爸要拿「咖啡杯」，哪一個圓圈裡最多呢？

ㄅ　ㄆ　ㄇ　ㄈ　ㄉ

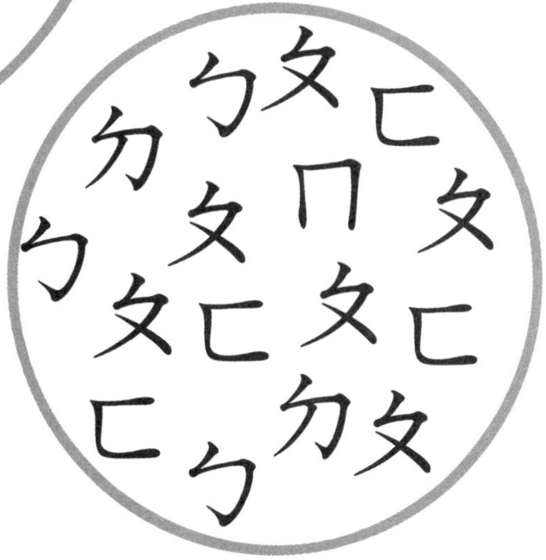

「多」、「少」的比較對某些孩子來說是有困難的，可以將數出來的數字，利用不同的積木數目來排列呈現，讓孩子藉由積木排列的長短來「類化」多到多少的觀念。

編碼遊戲 13

請數一數，找出哪一個圓圈裡的「玩具小熊」最多？

A B C D E

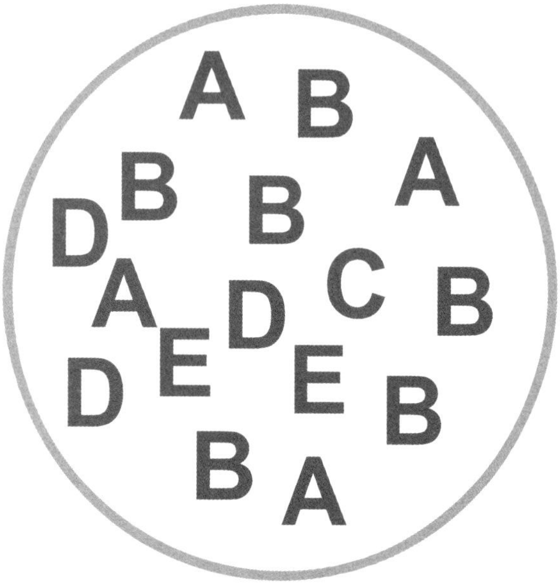

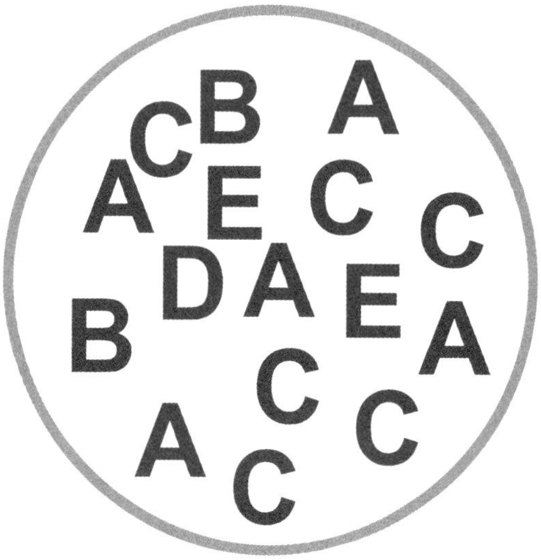

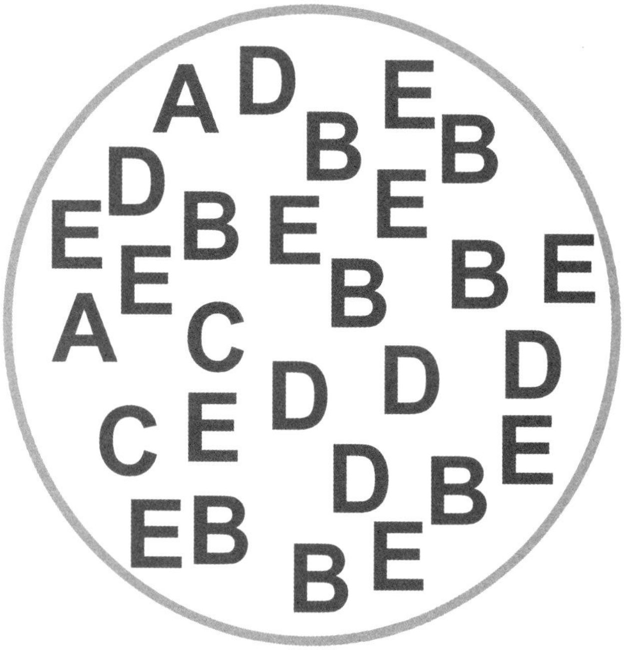

遊戲難度：★★★★

編碼遊戲 14

請數一數，找出哪一個圓圈裡的「起司」最少呢？

ㄅ　ㄉ　ㄌ　ㄈ　ㄇ

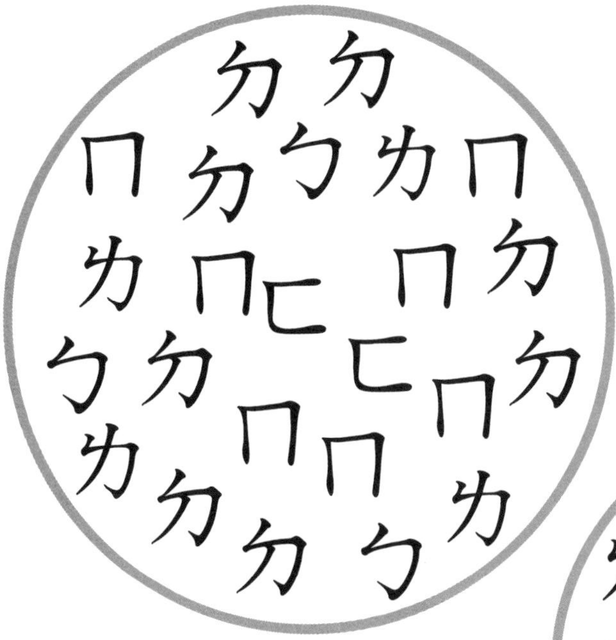

不僅找出哪個圈最多？哪個圈最少？還可以數數同一個圈中，哪一個圖案最多、最少？提供多樣化的遊戲方式，可以提升孩子對於靜態文字的興趣，有助將來專心閱讀。

遊戲難度：★★★★

編碼遊戲 15

哥哥想吃「蛋糕」，哪一個圓圈裡最多呢？

E F C G D

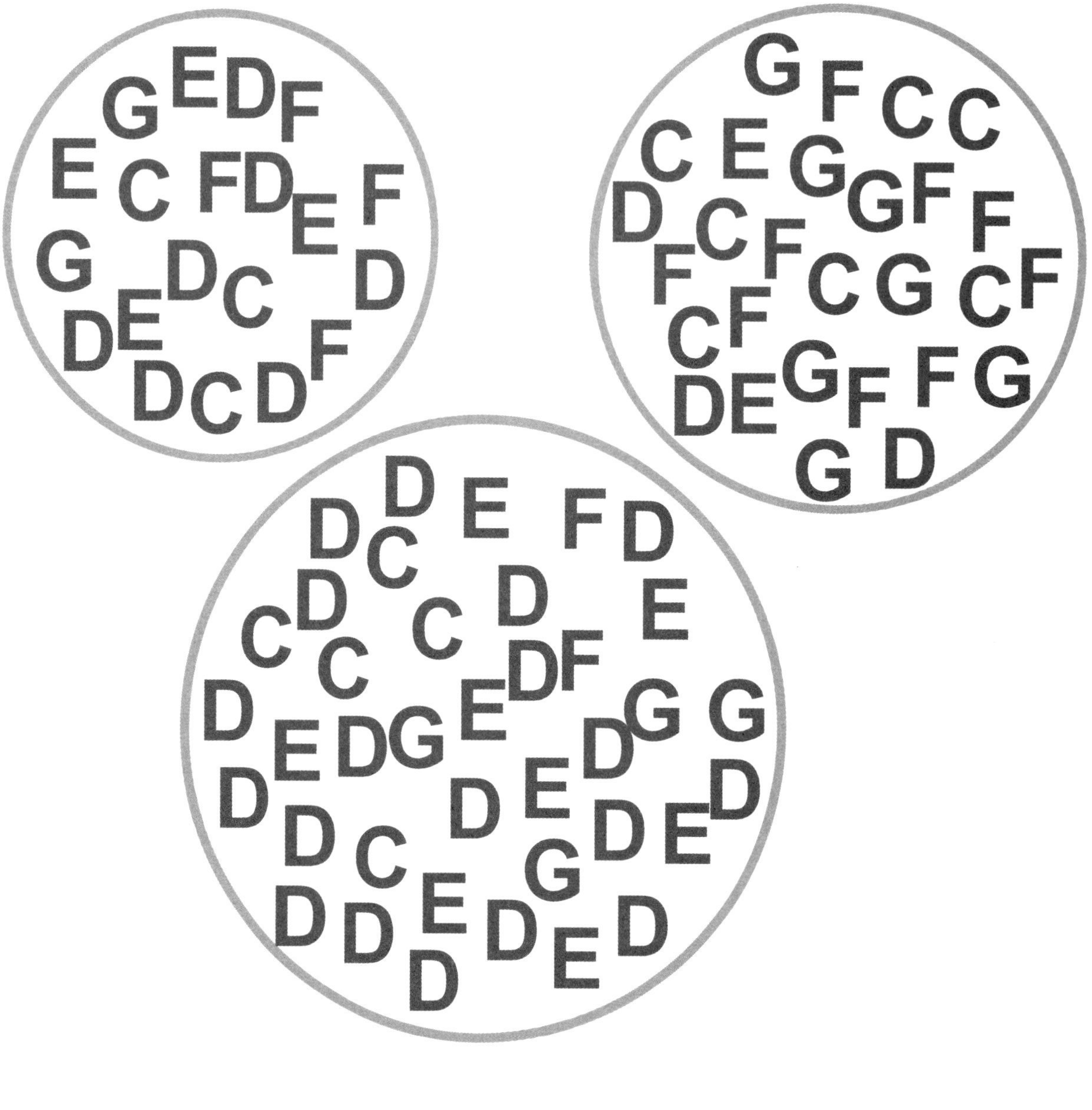

不好數嗎？每次數出來的答案都不一樣？可以先利用彩色筆或蠟筆，將要找的目標著色，然後再來點數，這不僅提高解答正確率，同時也教導孩子閱讀時如何找重點。

遊戲難度：★★★★★

編碼遊戲

16

請數一數找出哪兩個圓圈裡的「內褲」一樣多呢？

ㄆ　ㄤ　ㄝ　ㄞ　ㄡ

遊戲難度：★★★★★

編碼遊戲

17

姐姐愛喝「果汁」，找一找哪一個圈圈裡的果汁和另外兩個不一樣多？

M N L O Q

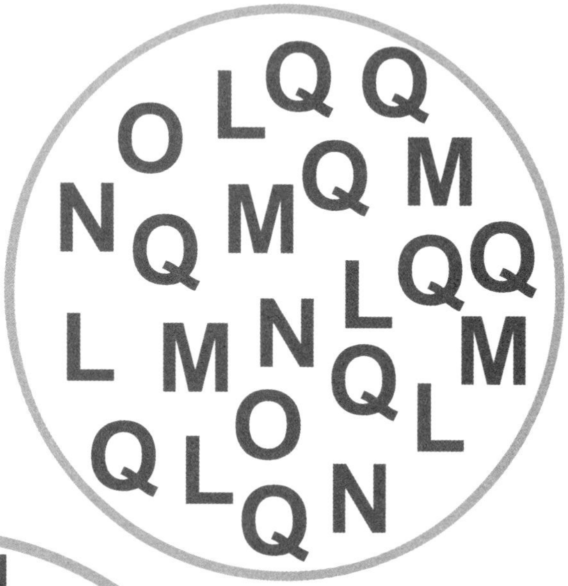

遊戲難度：★★★★★

請數一數，找出哪兩個圓圈裡的「骨頭」一樣多？

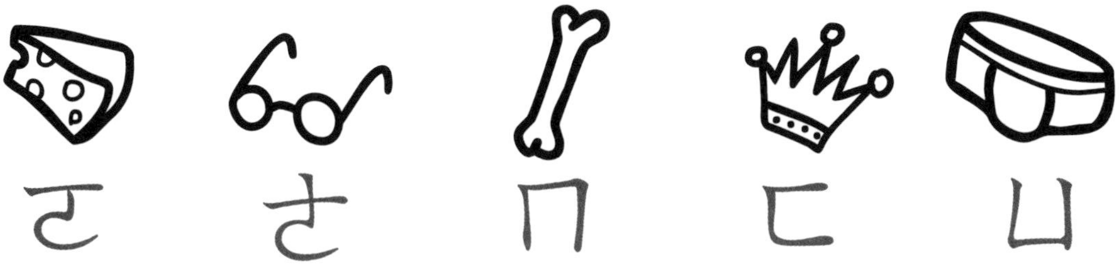

將題目圖案換成孩子喜歡的圖案，可以讓孩子更願意進行遊戲，可以提高專注力！對於凡事充滿動機與興趣，專注力自然提高！

遊戲難度：★★★★★

媽媽要買「蘋果」，哪個圈圈裡的蘋果和另外兩個圈圈不一樣多？

B E L F T

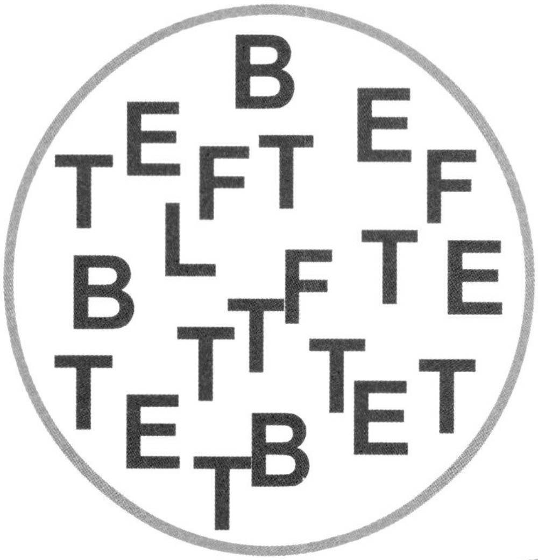

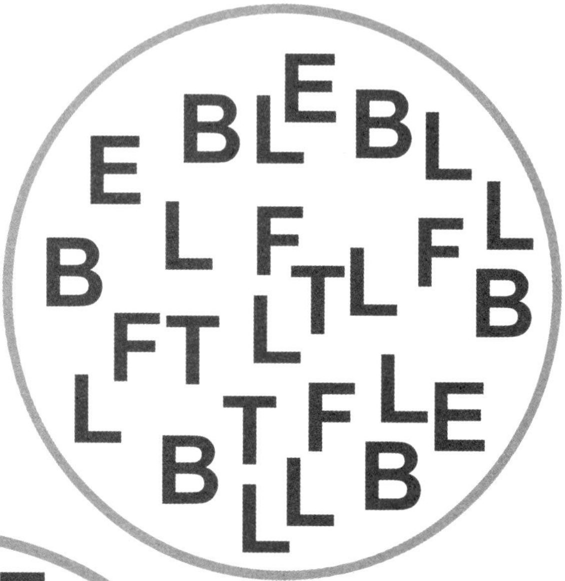

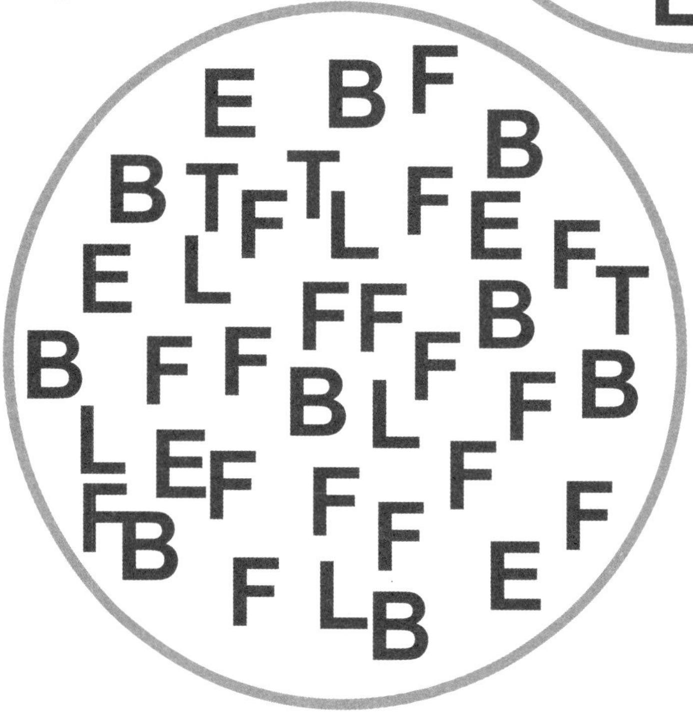

遊戲難度：★★★★★

ㄉ　ㄌ　ㄛ　ㄜ　ㄅ

請數一數，找出哪兩個圓圈裡的「眼鏡」一樣多？

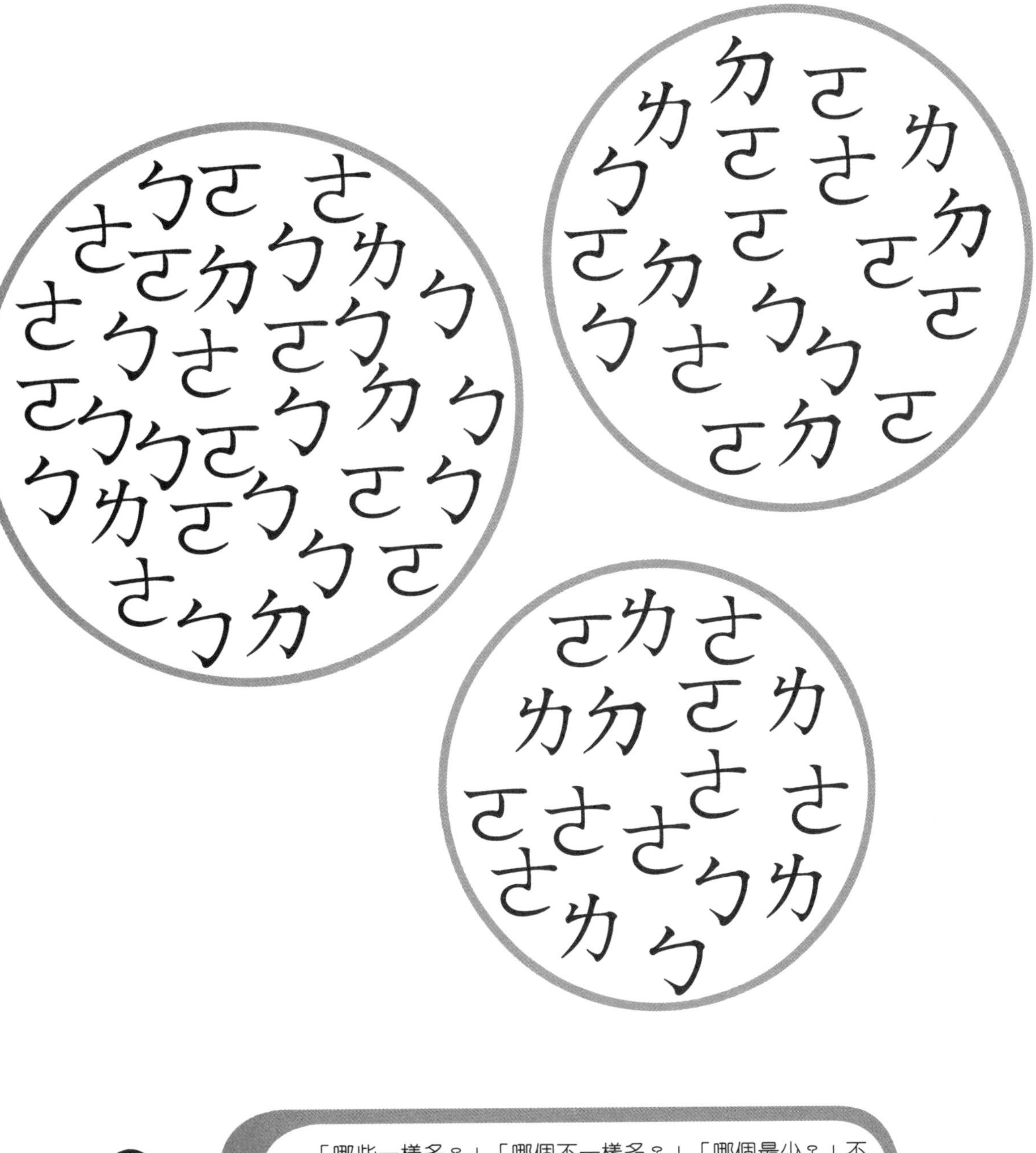

「哪些一樣多？」「哪個不一樣多？」「哪個最少？」不同的問法都是要訓練孩子對於多個物品的比較，同時提升孩子數理邏輯能力及觀察力。

遊戲難度：★★★★★

編碼遊戲

21

弟弟想吃「餅乾」，找一找哪個圈圈裡的餅乾和另外兩個不一樣多？

ㄉ E ㄌ F ㄅ

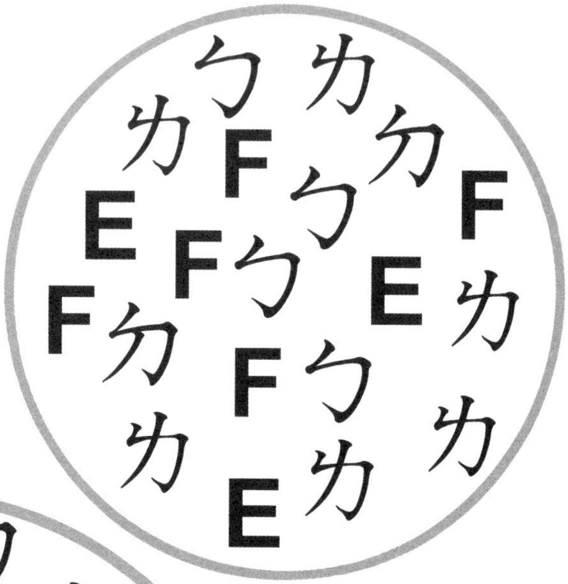

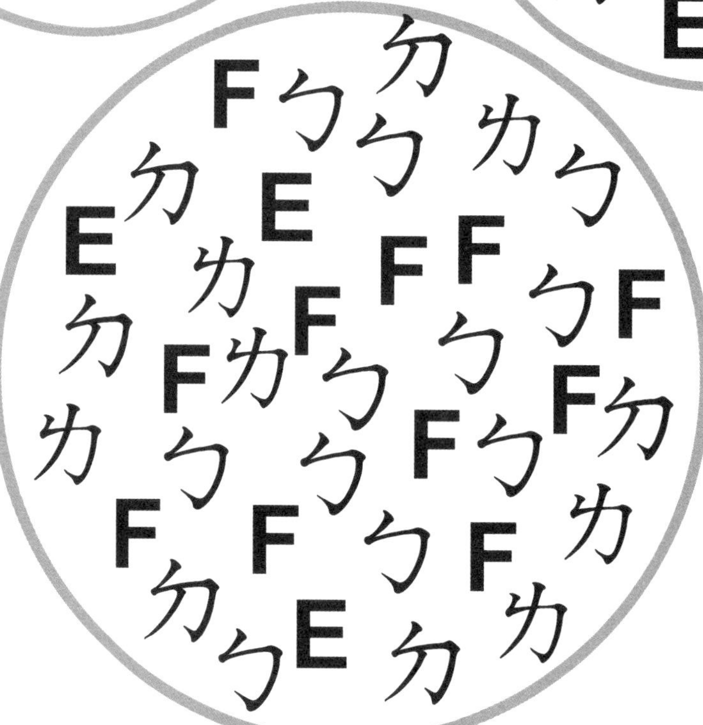

遊戲難度：★★★★★

請數一數，找出哪兩個圓圈裡的「玩具小象」一樣多呢？

E　ㄛ　L　ㄜ　F

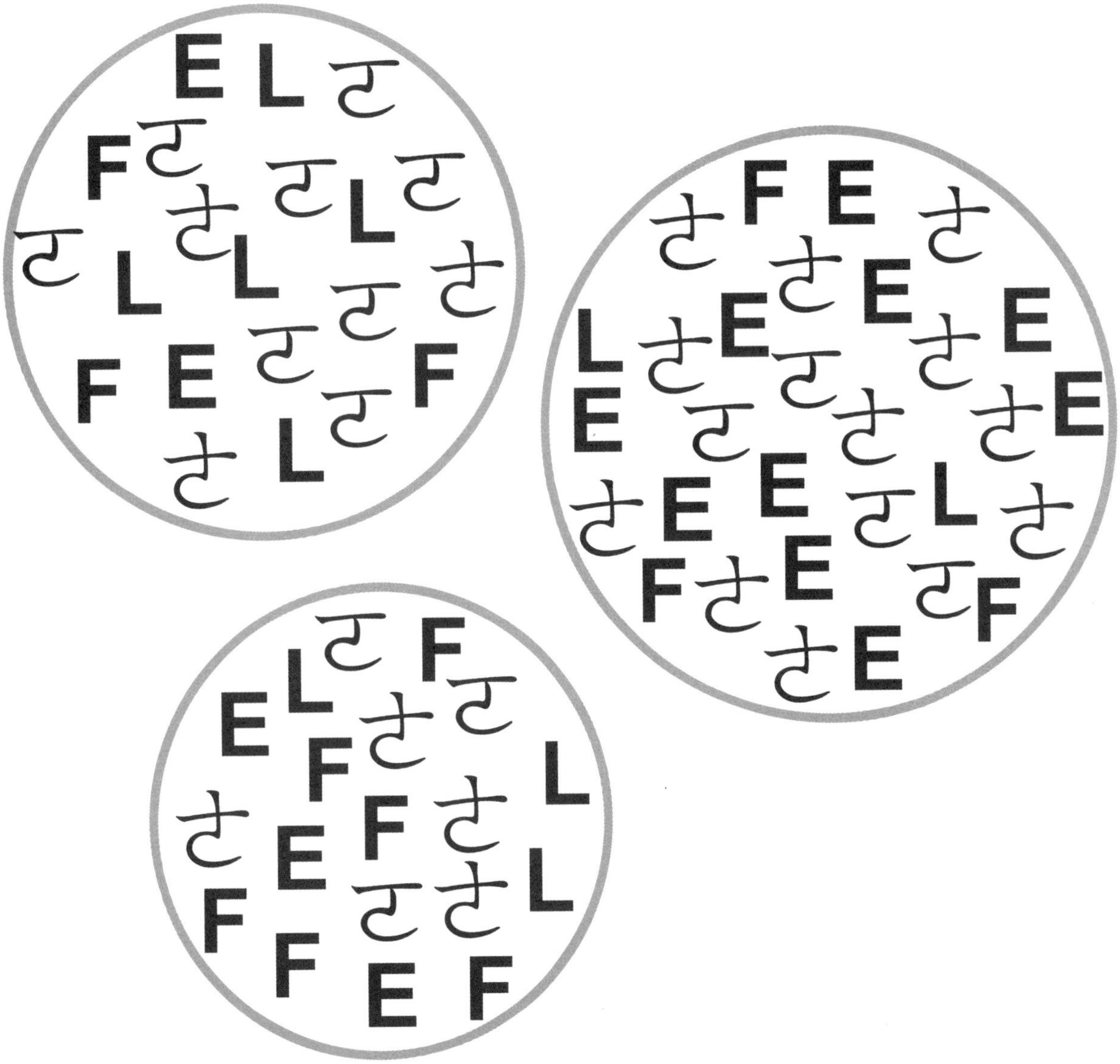

除了鼓勵孩子努力把遊戲玩完外，當孩子的專注力持續度到了極限，怎麼樣也無法專心了時，不如讓孩子起來動一動，這樣反而會更專心喔！

編碼遊戲

23

遊戲難度：★★★★★

數一數哪個圈圈裡的「小狗」和另外兩個圈圈裡的不一樣多？

遊戲難度：★★★★★

編碼遊戲 24

請數一數找出哪兩個圓圈裡的「小豬」一樣多呢？

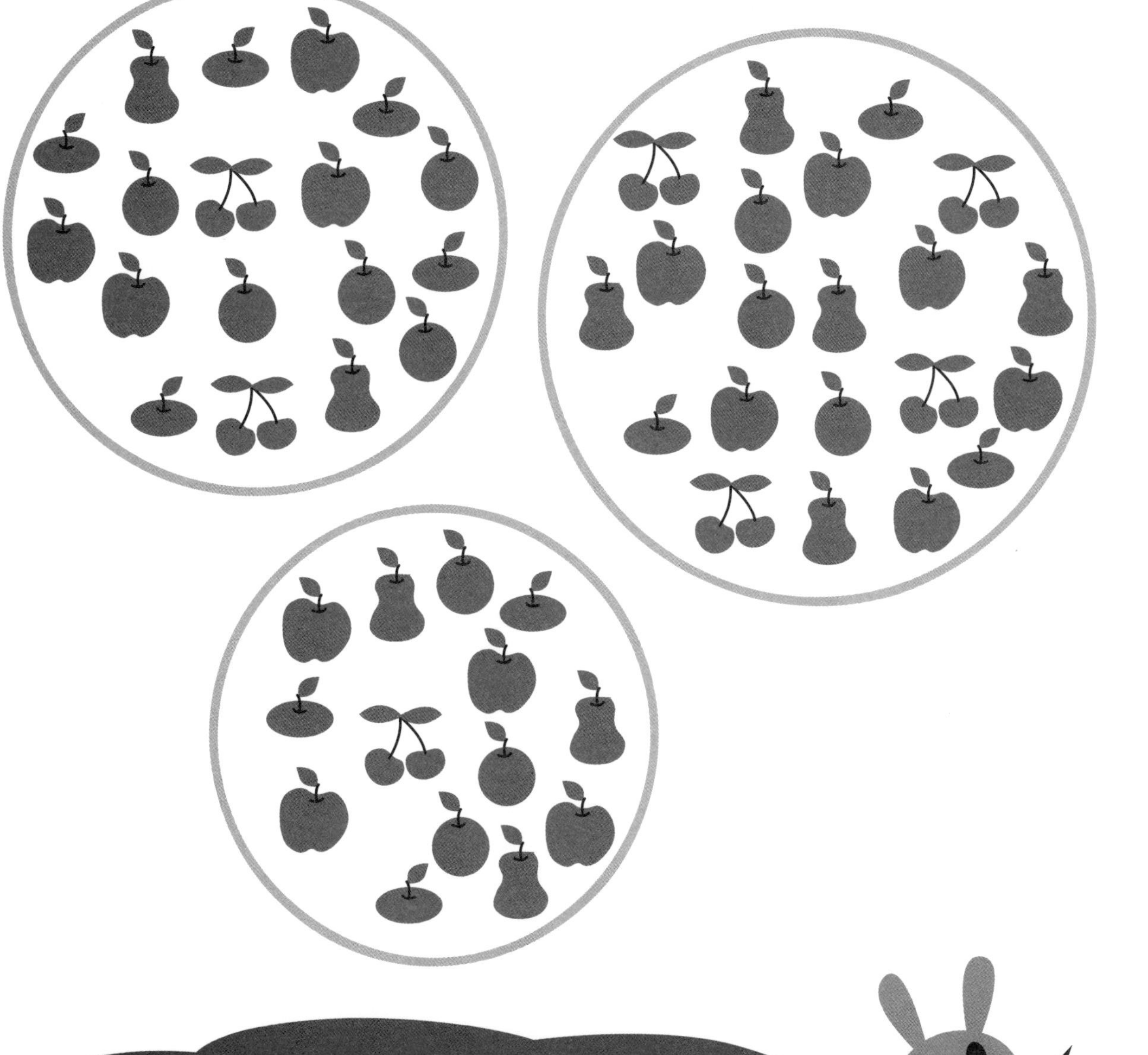

準備不同積木數個散放於桌上，利用多條繩子任意圈起積木，您可以出題讓孩子尋找，例如：「紅色積木是蘋果，黃色積木是香蕉，找找哪個圈裡的蘋果最多？」

遊戲難度：★★★★★

編碼遊戲 25

數一數，哪個圈圈裡的「小貓咪」和另外兩個圈圈裡的不一樣多？

專家特別說明

依孩子的程度調整難度，讓遊戲更有趣

此系列遊戲書出版後，因有不少家長有下列疑惑，故也特別提出說明，與您分享！提醒家長的是，希望您每天都能撥出 5 至 8 分鐘，陪著孩子一起「玩」遊戲書，如此，不僅孩子專注力提升，親子關係也更近了！若您在使用上，仍有困難或建議，也歡迎給予我們建議及指正，感謝您的支持！

Q：遊戲太難，小孩自己不會玩？

A: 適度的困難可以讓孩子挑戰，並在挑戰成功後獲得成就感，而願意繼續參與遊戲，進而提升參與動機，專注力自然提高。書中小秘訣也有告訴家長，如何降低遊戲的難度，以配合孩子的能力，歡迎您與孩子一起挑戰。

Q：遊戲太簡單，孩子一下就玩完了？

A: 若孩子的能力發展超過實際年齡，操作起遊戲書來一定覺得很簡單。因此，書中小秘訣有提示如何增加遊戲難度，讓孩子需要自我控制、更加專注！此外，您也可以選用更進階的版本，陪孩子一起試看看。

Q：整本遊戲書都玩完了，可是孩子卻沒有更專心？

A: 遊戲書不是特效藥，不是每天玩 5 分鐘孩子就會專心，更不是把整本遊戲書玩完就可以讓孩子不易分心。這是本工具書，告訴爸媽如何從紙本開始，進而在實際環境中幫助孩子提升觀察力，加強專注力，更希望從 5 分鐘開始，慢慢地提升孩子的專注力持續時間。書中的小秘訣也告訴大家，如何在同一題中變化出各種題型，讓孩子百玩不厭，就像是孩子每天都要讀同一本課本，爸媽也努力看看吧！

解答篇

Part 1

過山洞

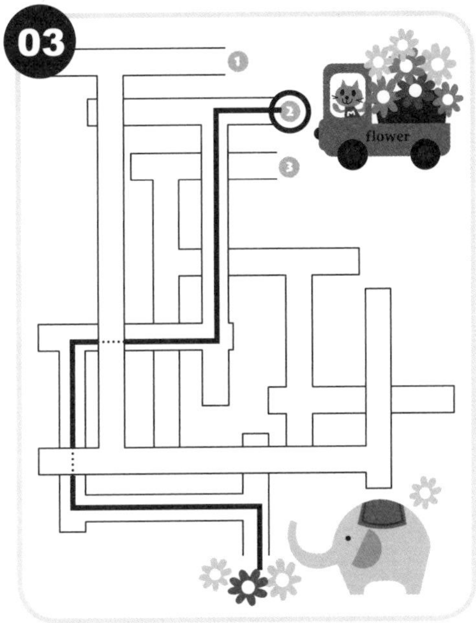

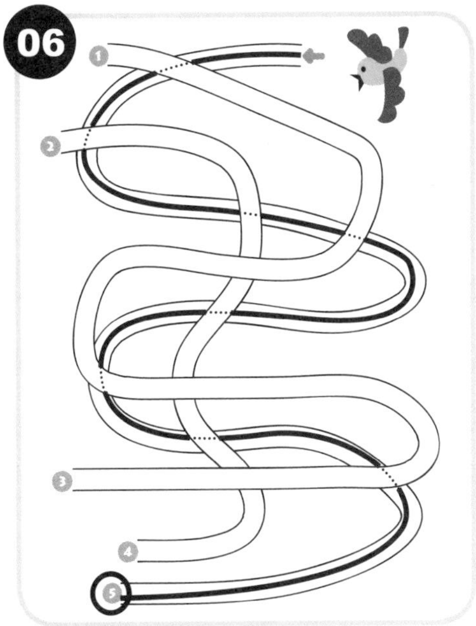

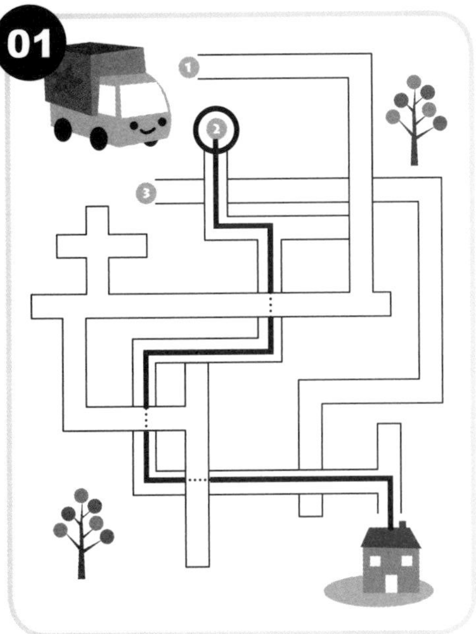

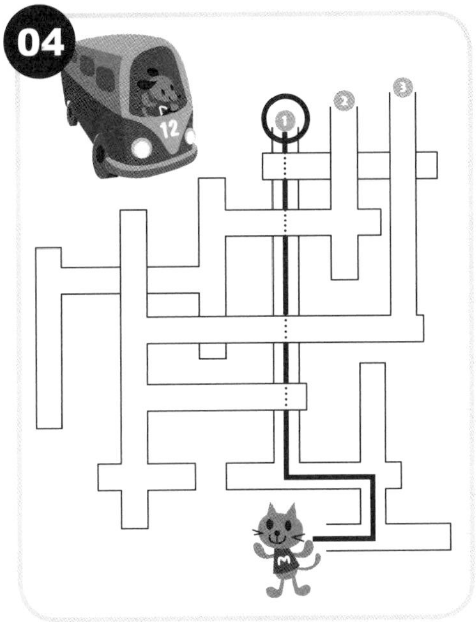

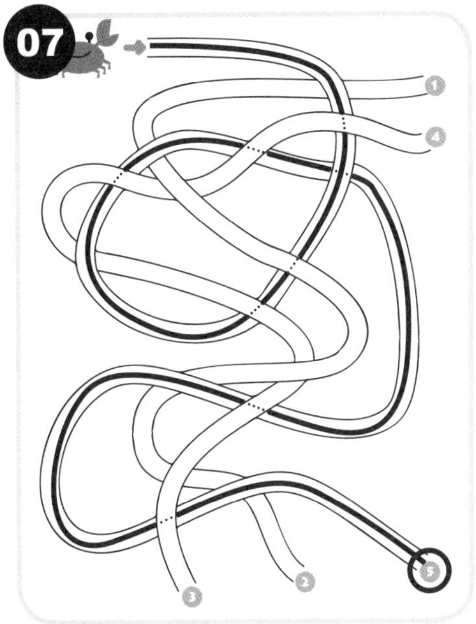

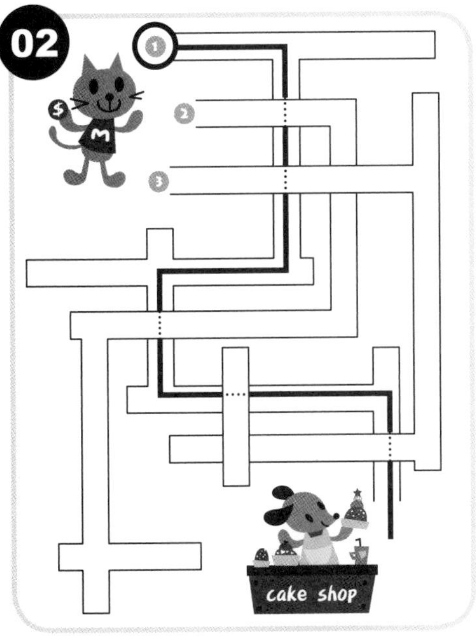

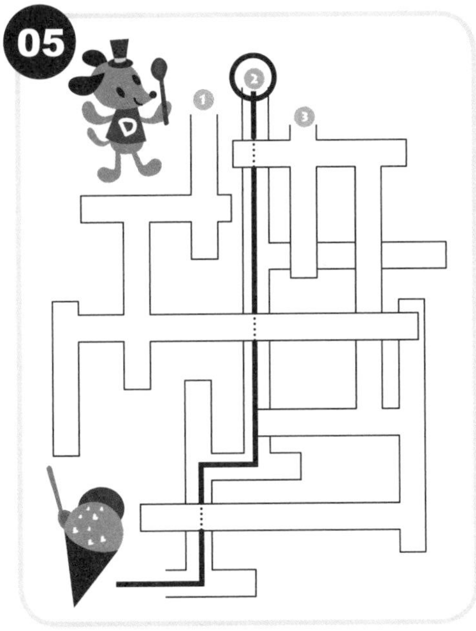

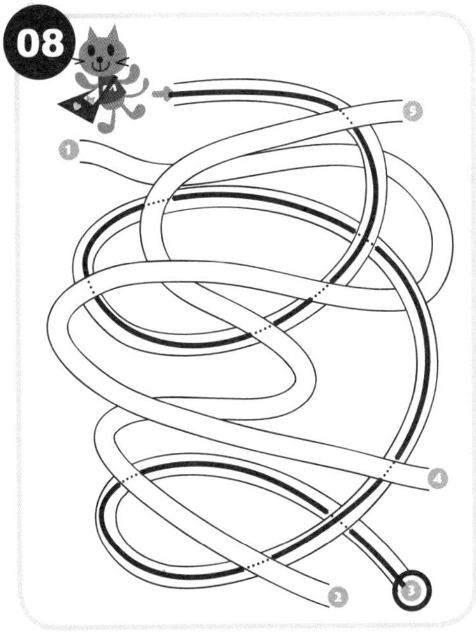

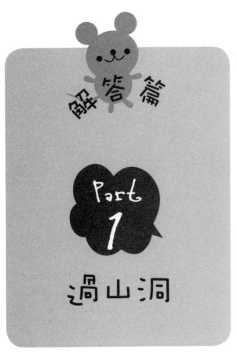

09

10

11

12

13

14

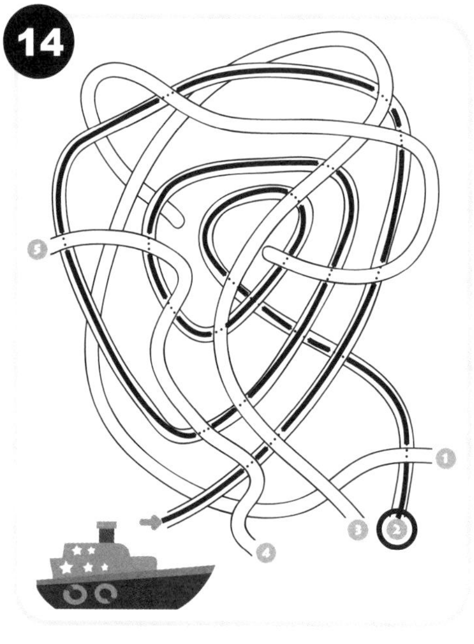

15

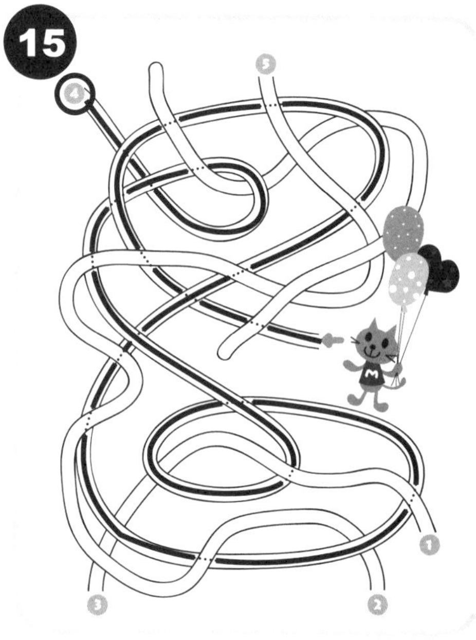

16

17

18

21

24

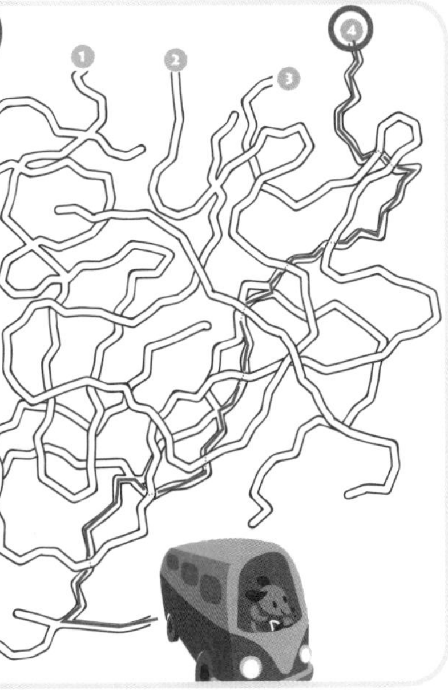

19

22

25

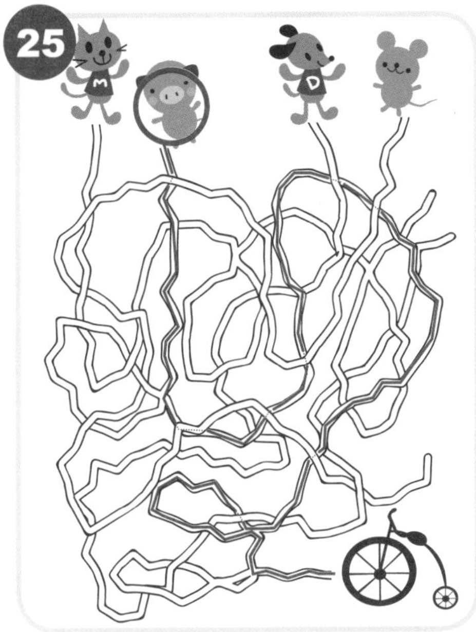

20

23

解答篇

Part 2

圈叉找一找

01

02

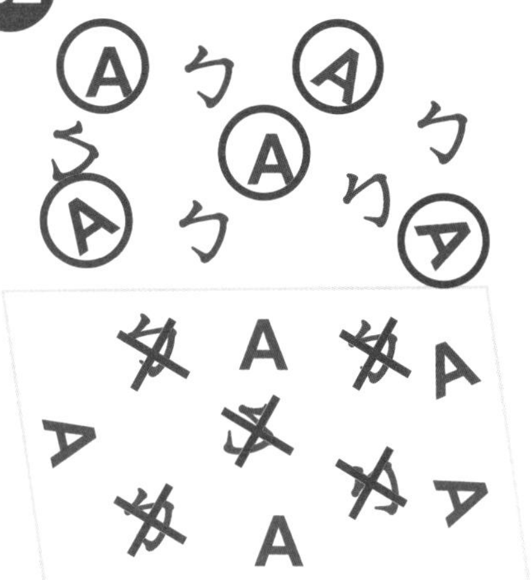

03

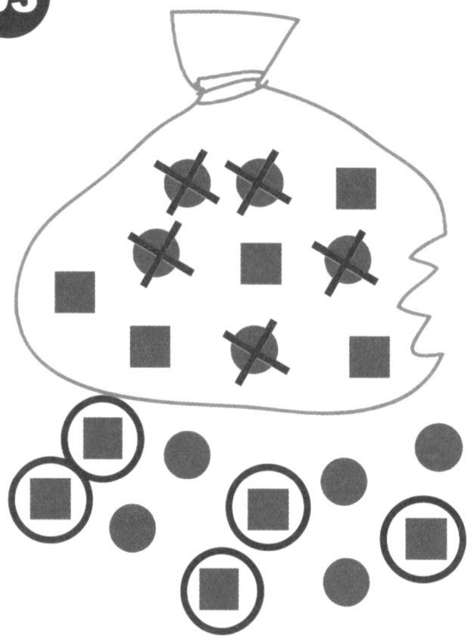

04

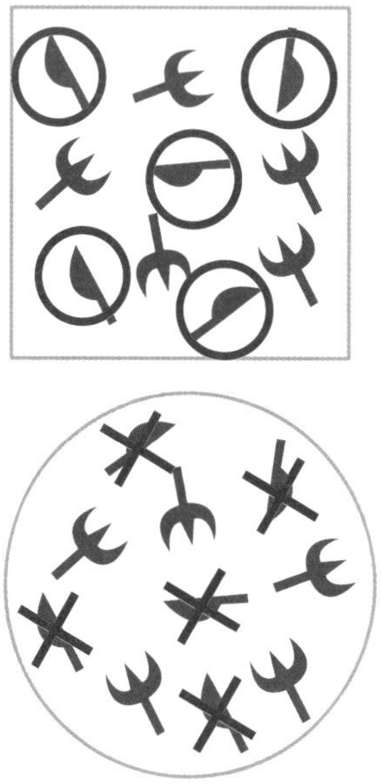

05

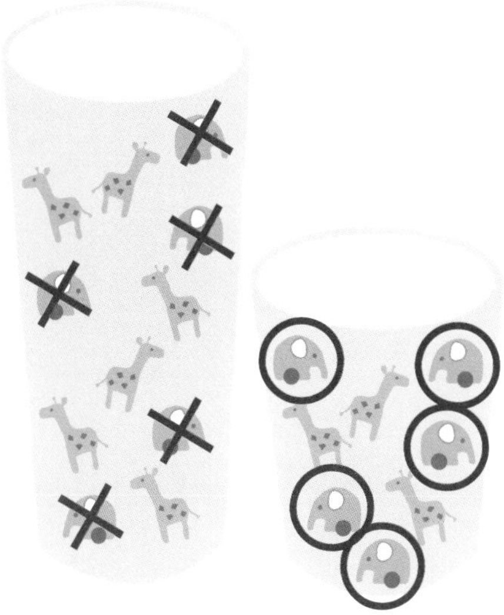

06

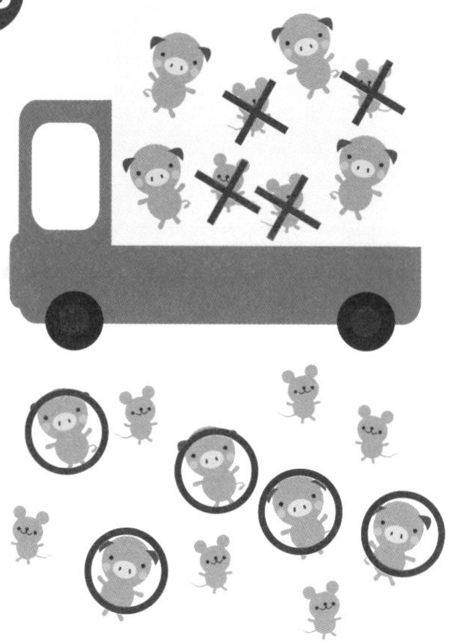

07

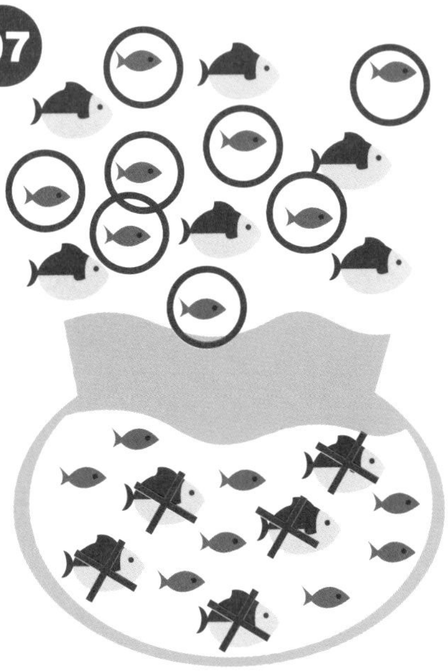

08

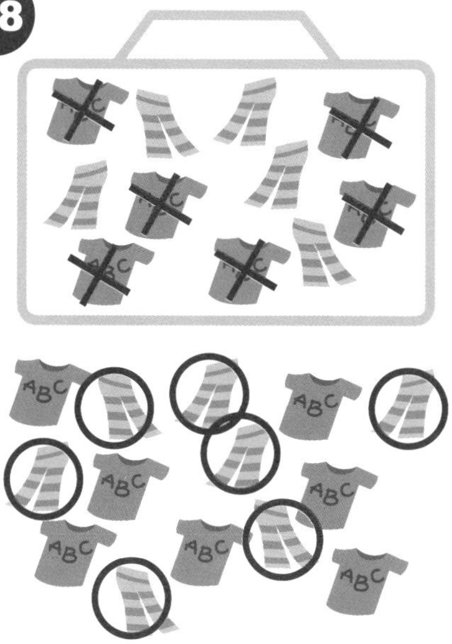

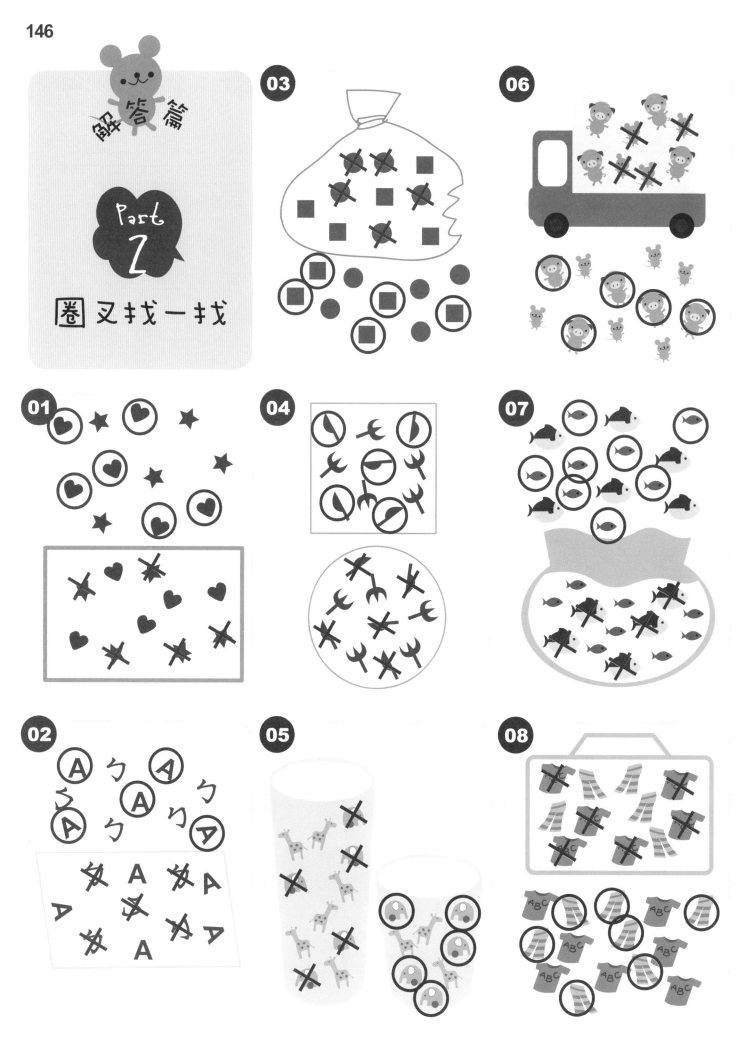

9

10

11

12

13

14

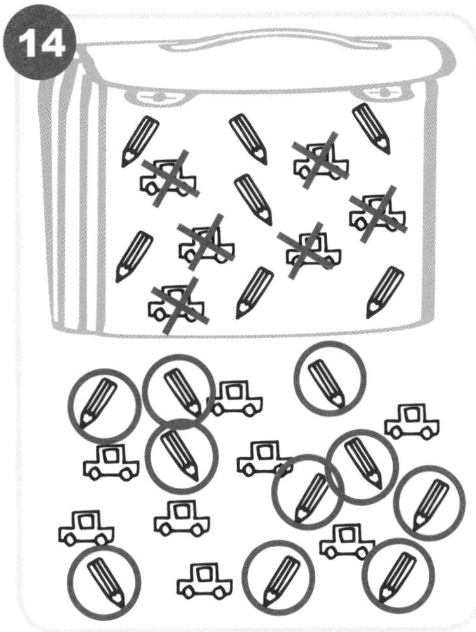

15

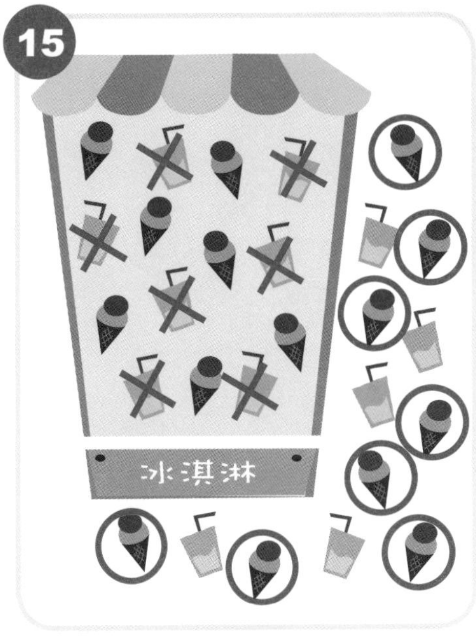

16

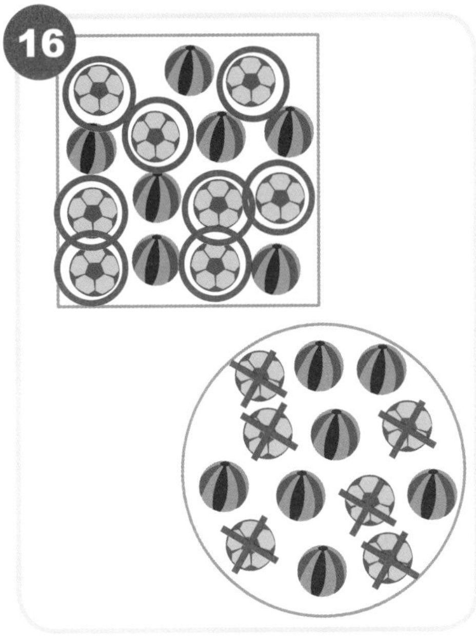

17

18

21

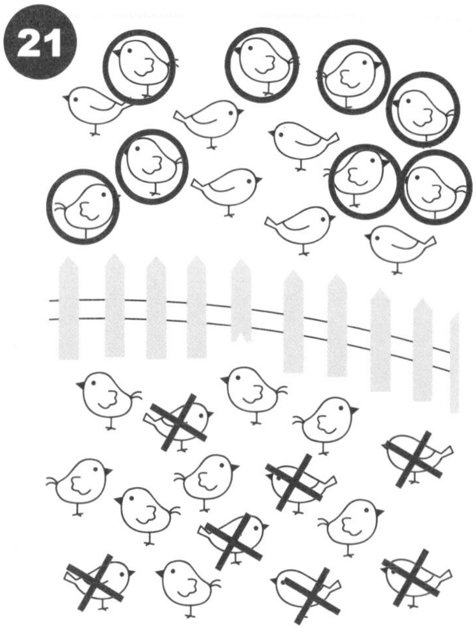

24

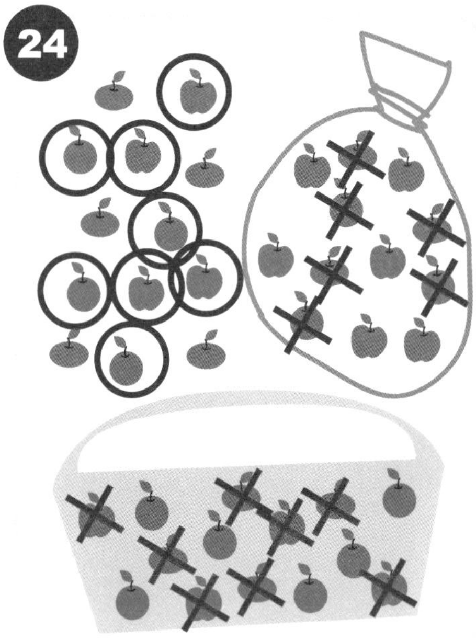

19

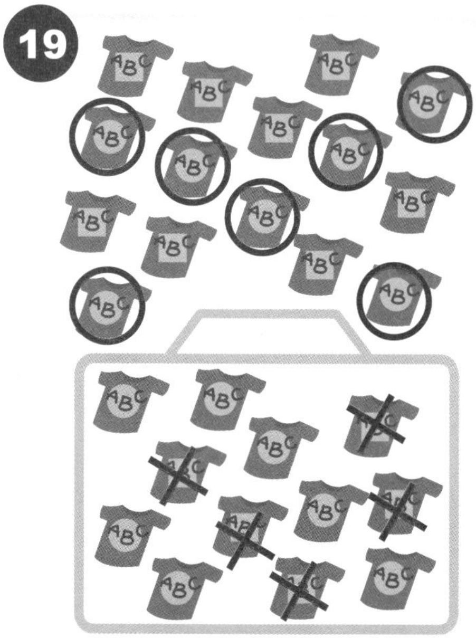

22

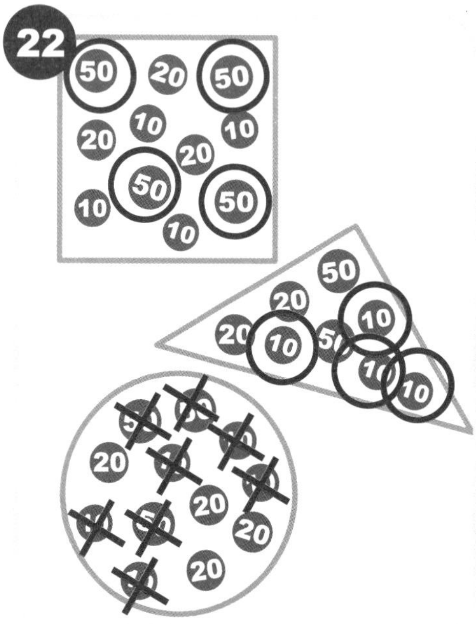

25

20

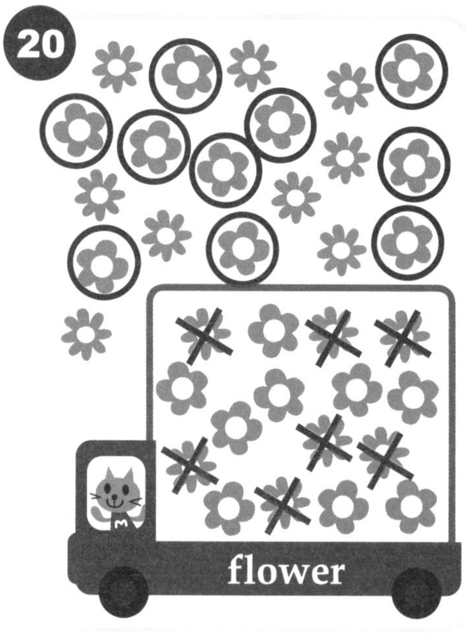

23

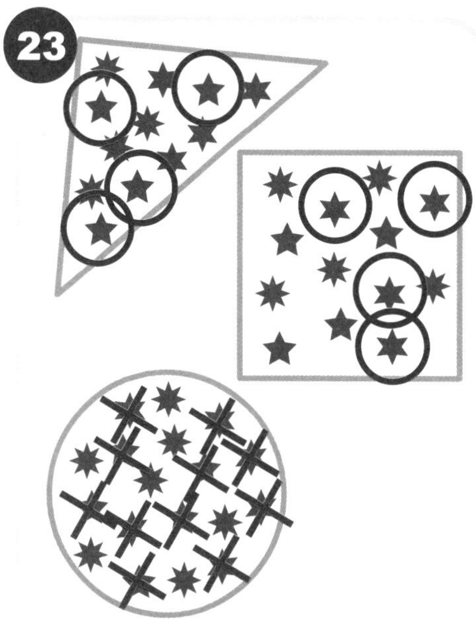

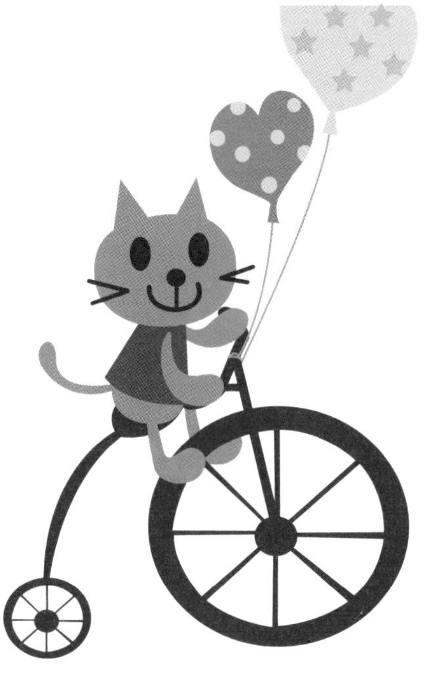

解答篇

Part 3 圖案配對

01

1+8
3+9
4+11
5+12
6+15
7+14
10+13

02

1+8
2+13
3+14
4+11
5+7
6+15
9+12

03

1+14
2+13
3+12
4+6
5+11
7+15
8+9

04

1+13
2+12
3+6
4+8
5+11
7+15
10+14

05

1+8
2+12
3+7
4+11
5+14
6+9
10+15

06

2
+9
+10
+12
+14

07

3
+4
+6
+11
+14

08

3
+6
+7
+13

09

1
+5
+10
+11
+15

10

4
+6
+7
+9
+11

11

1
+8
+10
+13

12

2
+8
+10
+11
+12

15

2
+5
+10
+13
+15

18

1+9
2+13
3+10
4+11
5+7
6+14
8+15

21

1+13
2+14
3+11
4+6
5+7
8+15
10+12

24

1+15
2+9
3+13
4+14
5+11
7+10
8+12

13

1
+5
+9
+12
+13

16

1+5
2+10
3+13
4+6
7+15
8+11
9+12

19

1+9
2+13
3+11
4+12
5+8
6+14
7+10

22

1+10
2+14
3+7
4+6
5+11
8+15
9+13

25

1+9
2+15
3+8
4+13
6+14
7+11
10+12

14

9
+10
+13
+14

17

1+13
2+9
4+14
5+7
6+12
8+15

20

1+10
2+13
3+6
4+14
5+12
7+15
9+11

23

1+15
2+10
3+12
4+13
5+7
6+14
8+11

解答篇

Part 4

大家來找碴

02

04

01

03

05

06

07

08

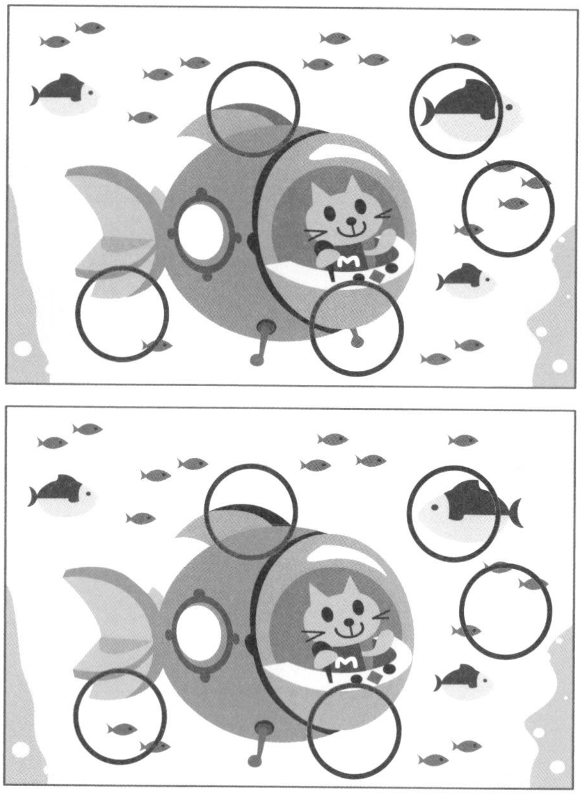

09

10

11

12

13

14

16

15

17

18

Hello!!
cake shop
Hello!
cake shop

20

HAPPY
BIRTHDAY
PARTY
HAPPY
BIRTHBAY
PARTY

19

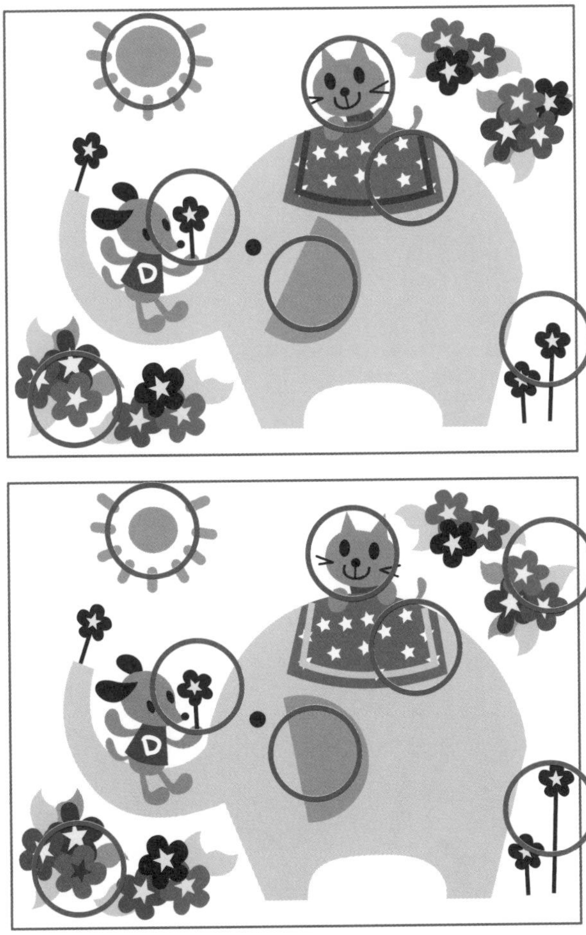

21

ICE
CREAM
GO
IOE
CREAM
GO

22

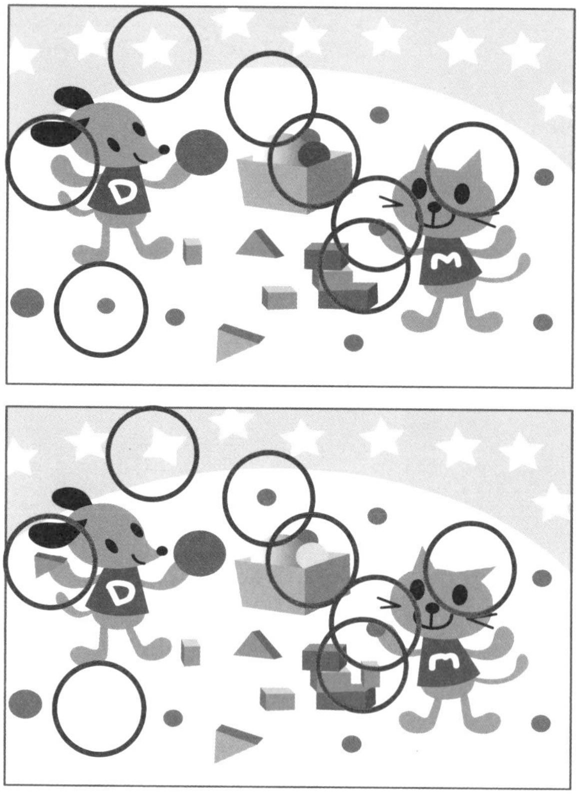
D
M
D
M

23

24

TAXI
BUS STOP
BUS
My home Welcome!!
TAXI
BUS STOP
BUS
My home Welcome!!

25

M
M

Part 5

編碼遊戲

01 14

● ■ ▲ ★ ⬢

1 2 3 4 5

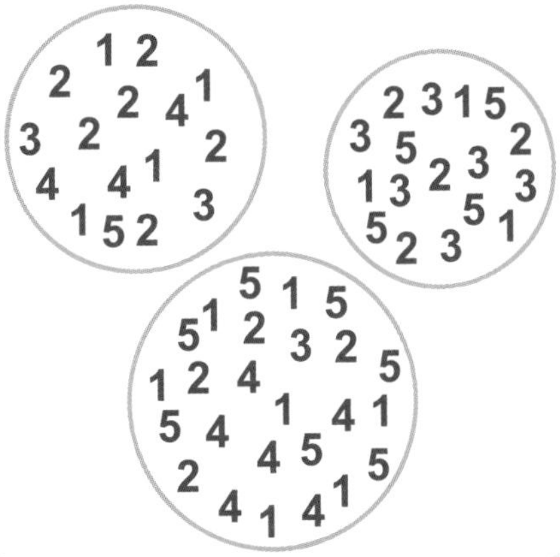

02 14

● ■ ▲ ★ ⬢

1 2 3 4 5

03 9

● ■ ▲ ★ ⬢

1 2 3 4 5

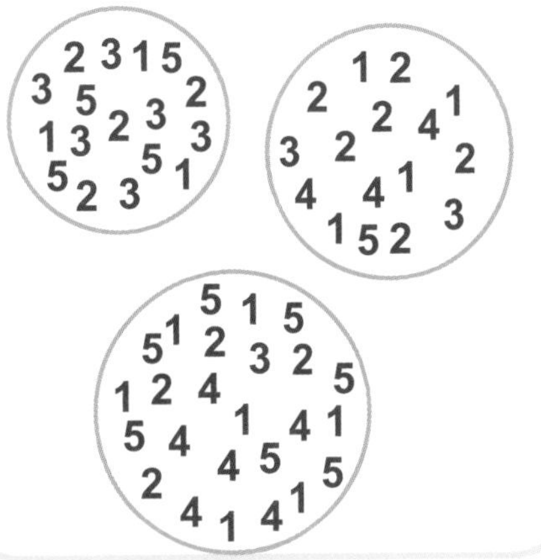

04 9

● ■ ▲ ★ ⬢

1 2 3 4 5

05 12

● ■ ▲ ★ ⬢

1 2 3 4 5

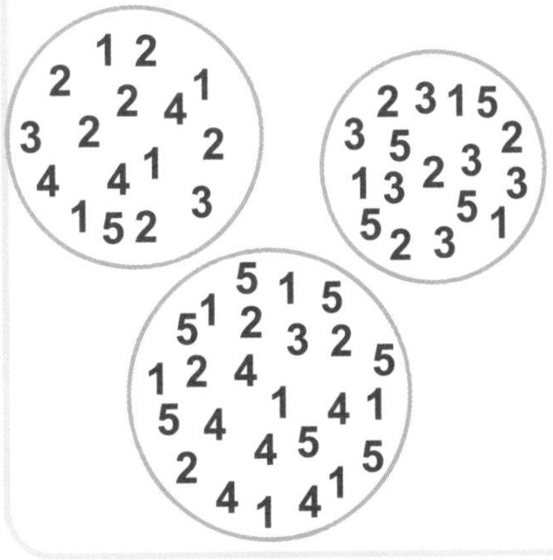

06

□ ○ ☆ △ ⬡

1 2 3 4 5

07

A B C D E

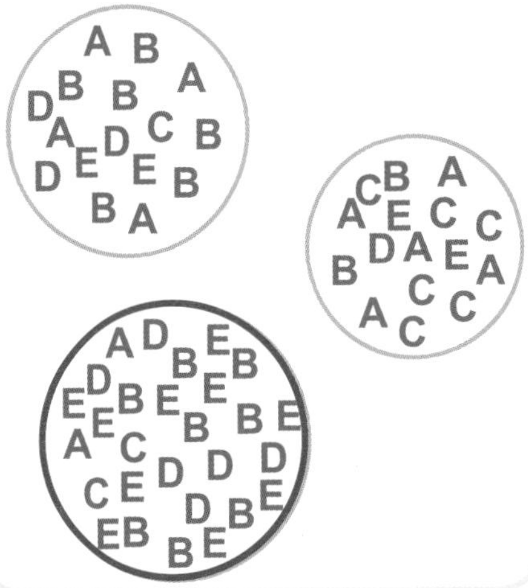

08

ㄅ ㄆ ㄇ ㄈ ㄉ

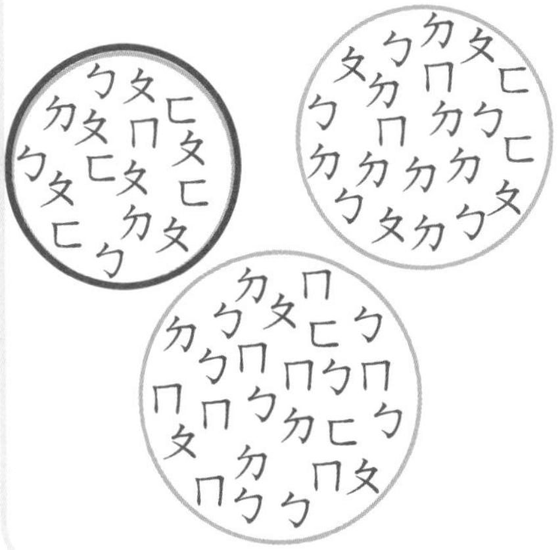

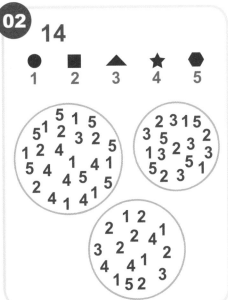

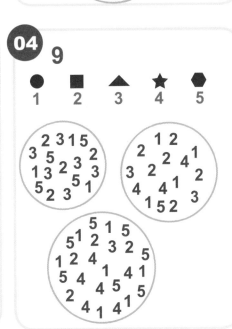

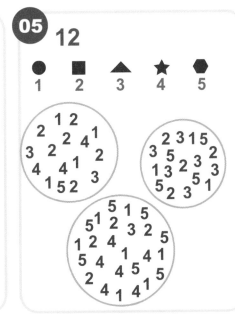

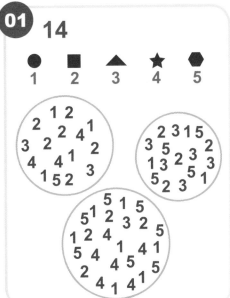

09

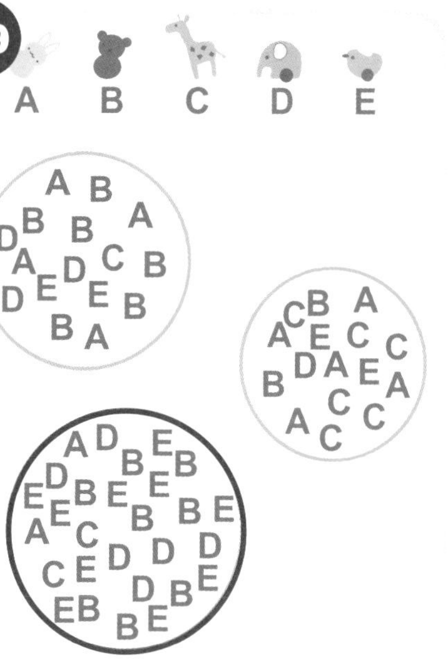

12

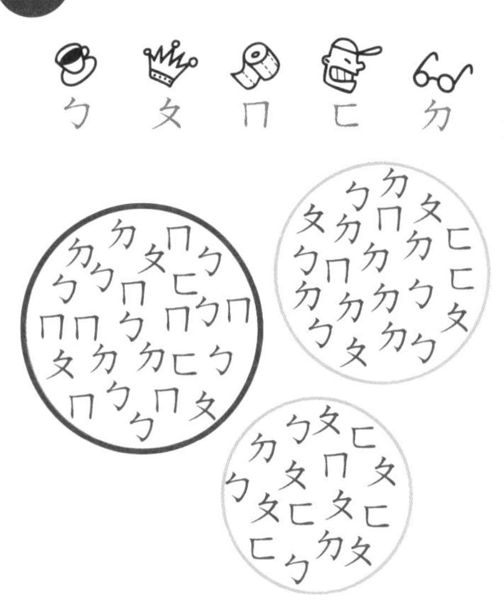

15

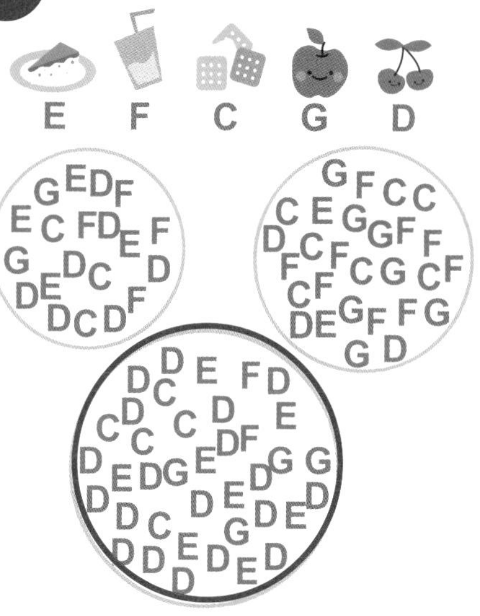

10

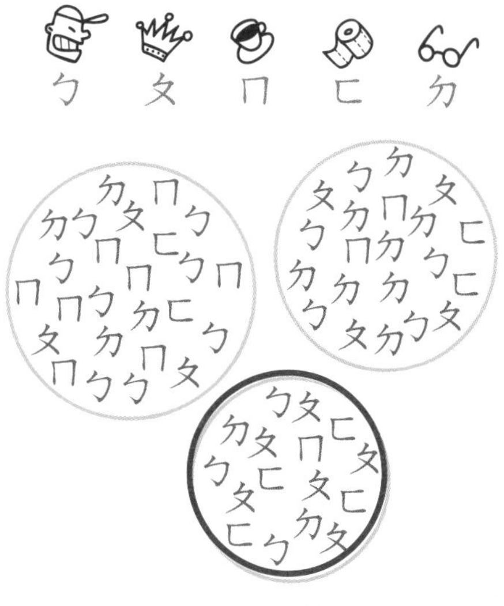

13

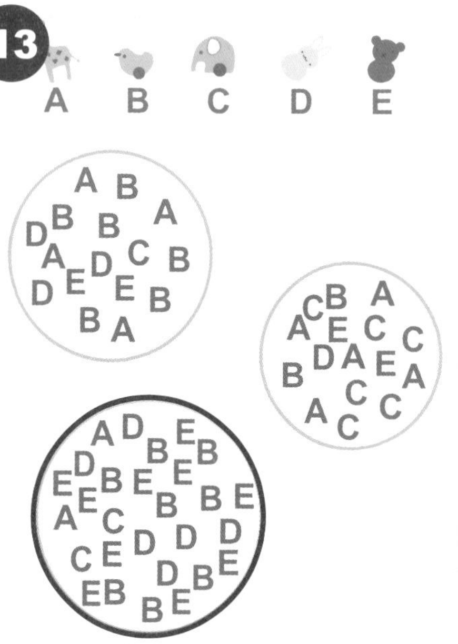

16

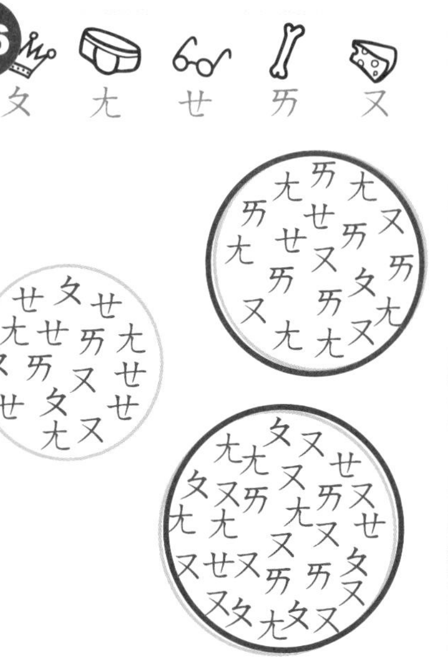

11

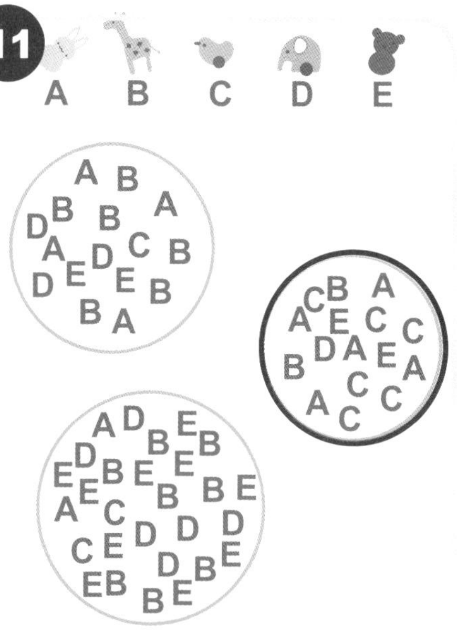

14

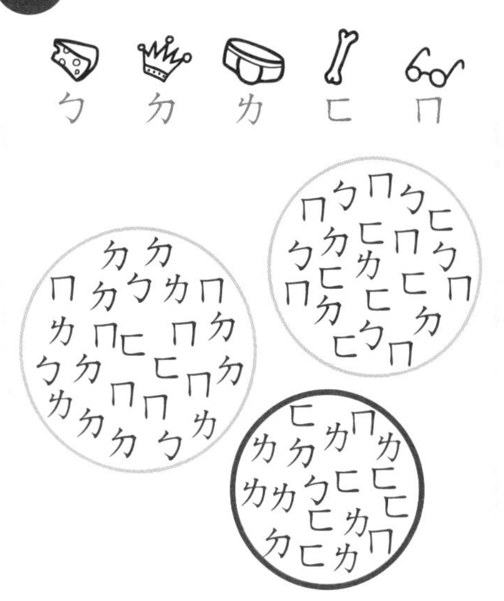

17

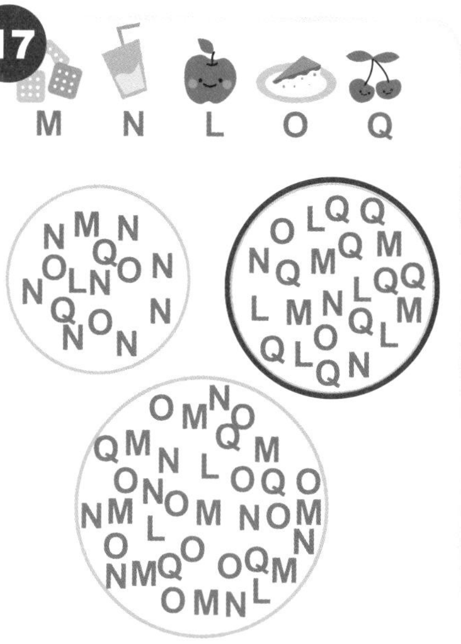

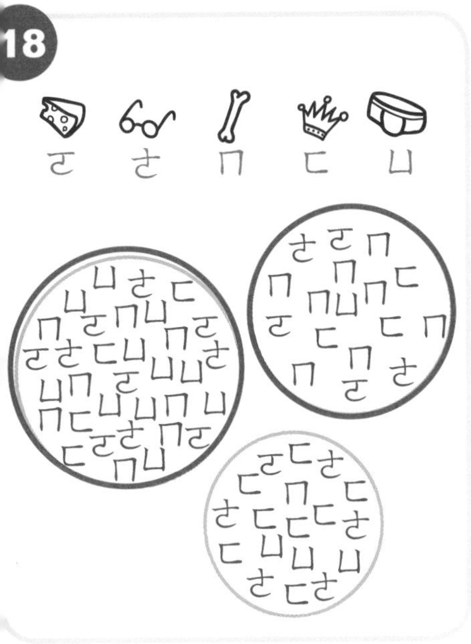
18
ㄛ ㄜ ㄇ ㄈ ㄩ

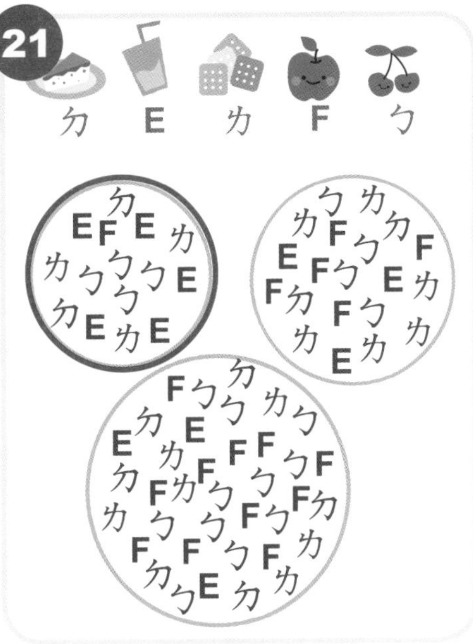
21
ㄉ E ㄌ F ㄅ

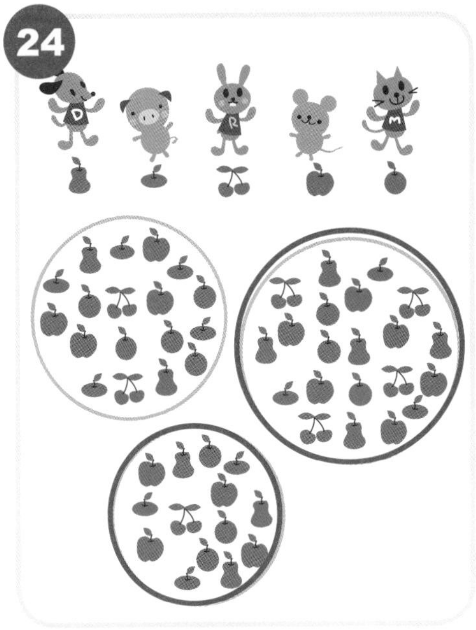
24

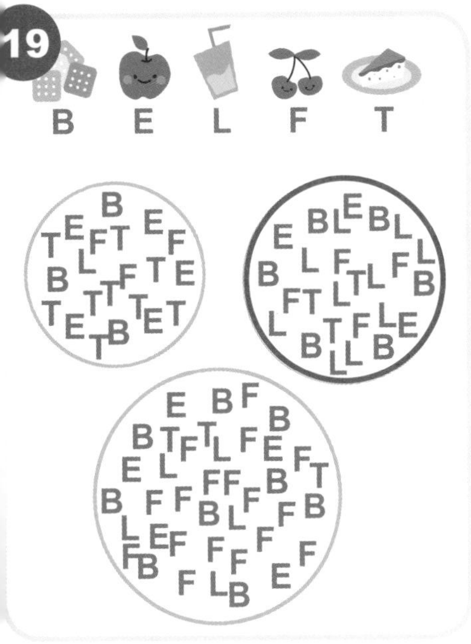
19
B E L F T

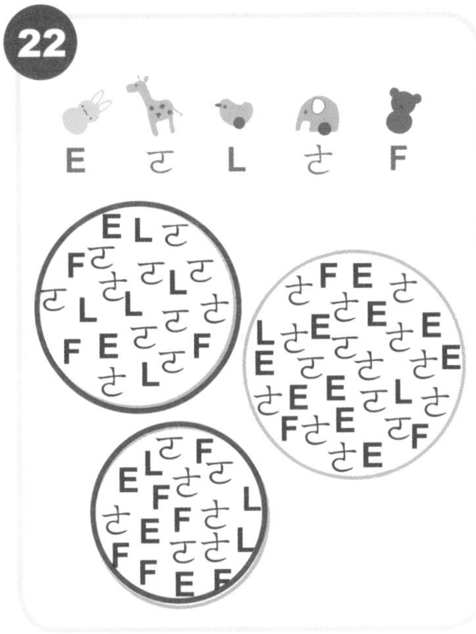
22
E ㄛ L ㄜ F

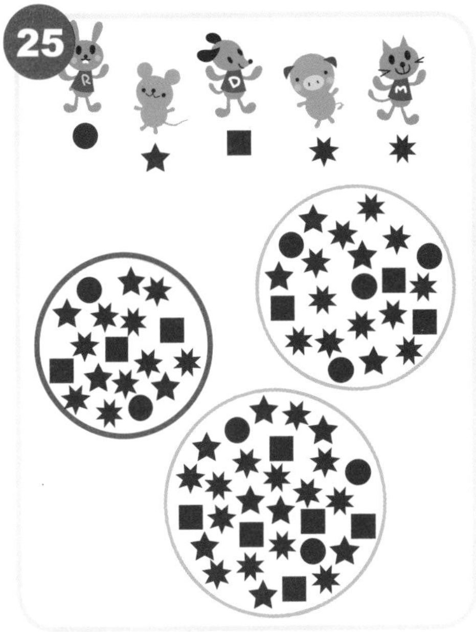
25

20
ㄉ ㄌ ㄛ ㄜ ㄅ

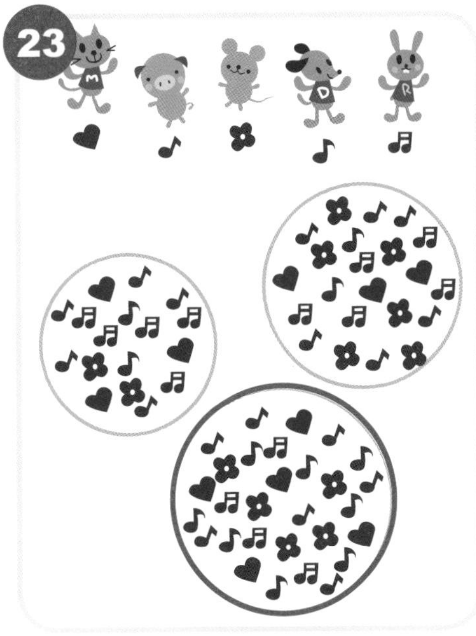
23

5分鐘玩出專注力遊戲書 ❶

輕鬆玩遊戲，讓專心變容易

暢銷
修訂版

國家圖書館出版品預行編目(CIP)資料

5分鐘 玩出專注力遊戲書：輕鬆玩遊戲，讓專心變容易／張旭鎧著. -- 2版. -- 臺北市：新手父母出版，城邦文化事業股份有限公司出版：英屬蓋曼群島商家庭傳媒股份有限公司城邦分公司發行，2023.09
冊； 公分. -- (育兒通；SR0050X, SR0051X, SR0056X, SR0066X)
ISBN 978-626-7008-48-5(第1冊：平裝). --
ISBN 978-626-7008-49-2(第3冊：平裝). --
ISBN 978-626-7008-50-8(第4冊：平裝). --
ISBN 978-626-7008-52-2(第2冊：平裝)

1.CST: 育兒 2.CST: 親子遊戲

428.82 112014103

作　　者　張旭鎧
選　　書　林小鈴
主　　編　陳雯琪

行銷經理　王維君
業務經理　羅越華
總 編 輯　林小鈴
發 行 人　何飛鵬
出　　版　新手父母出版
城邦文化事業股份有限公司
台北市中山區民生東路二段141號8樓
電話：(02) 2500-7008　傳真：(02) 2502-7676
E-mail：bwp.service@cite.com.tw
發　　行　英屬蓋曼群島商家庭傳媒股份有限公司城邦分公司
台北市中山區民生東路二段141號11樓
讀者服務專線：02-2500-7718；02-2500-7719
24小時傳真服務：02-2500-1900；02-2500-1991
讀者服務信箱 E-mail：service@readingclub.com.tw
劃撥帳號：19863813
戶名：書虫股份有限公司

香港發行所　城邦（香港）出版集團有限公司
香港灣仔駱克道193號東超商業中心1F
電話：(852) 2508-6231
傳真：(852) 2578-9337
E-mail：hkcite@biznetvigator.com
馬新發行所　城邦（馬新）出版集團 Cite (M) Sdn Bhd
41, Jalan Radin Anum, Bandar Baru Sri Petaling,
57000 Kuala Lumpur, Malaysia.
電話：(603)90563833　傳真：(603)90576622
E-mail：services@cite.my

封面設計　徐思文
版面設計、內頁排版　徐思文
製版印刷　卡樂彩色製版印刷有限公司
2009年10月16日初版1刷｜2023年09月19日2版1刷
Printed in Taiwan
定價380元
ISBN｜978-626-7008-48-5（紙本）
ISBN｜978-626-7008-53-9（EPUB）